146. Jahrgang
2002/4
ISSN 0031-6229

PGM
Petermanns Geographische Mitteilungen

Zeitschrift für Geo-
Umweltwissenschaften

HOCHGEBIRGE

Heinz Veit, Reiner Mailänder & Corinne Vonlanthen
Periglaziale Deckschichten im Alpenraum: bodenkundliche und landschaftsgeschichtliche Bedeutung
6

Thomas Fickert & Friederike Grüninger
Interaktionen von Vegetation und frostbedingter Morphodynamik in den Gebirgen des semiariden Great Basin
18

Achim Bräuning
Methoden und Probleme paläoökologischer Forschung in Gebirgen Hochasiens
30

Michael Richter & Dieter Schmidt
Cordillera de la Atacama – das trockenste Hochgebirge der Welt
48

Marcus Nüsser
Maloti-Drakensberg: Naturraum und Nutzungsmuster im Hochgebirge des südlichen Afrika
60

Frostmusternetz in den White Mountains (Foto: Grüninger 2001)

Das Dorf Savnob im tadschikischen Pamir (Foto: Herbers 1999)

Hiltrud Herbers
Ernährungs- und Existenzsicherung im Hochgebirge: der Haushalt und seine livelihood strategies – mit Beispielen aus Innerasien
78

© 2002 Justus Perthes Verlag Gotha GmbH

RUBRIKEN

Fernerkundung 4
Konfliktstoff „Wasser"
am Qilian Shan

Praxis 15
Lawinenwarnzentrale im
Bayerischen Landesamt
für Wasserwirtschaft

Online 28

Exkursion 42
Alpen: Glazialmorphologie
und Bodenentwicklung im
Vorfeld des Morteratsch-
gletschers

Statistik 58
Hypsometrie
der Kontinente

Forum 69
GLORIA – The Global Ob-
servation Research Ini-
tiative in Alpine Environments: Wo stehen wir?

Forum 72
Die Sicht der Hoch-
gebirge der Welt aus
der Alpenperspektive?

Literatur 74

Archiv 88
Hochgebirge:
Der Himalaya im Karten-
bild 1856–1936

Bild 86
Megastädte:
Shanghai – Wirtschafts-
boom und Modernisierung

**Moderatoren dieses Heftes/
Editors of this Issue:**
Hans-Rudolf Bork, Kiel
Michael Richter, Erlangen

Titelbild: Margib-Pass im Pamir-
Alai (Foto: M. Richter, Erlangen)

Herausgeber/Editorial Board
Hans-Rudolf Bork, Kiel
Detlef Busche, Würzburg
Martin Coy, Tübingen
Franz-Josef Kemper, Berlin
Frauke Kraas, Köln
Karl Schneider, Köln

Verantwortliche/Responsible for
Abstracts, Fernerkundung:
D. Busche, Würzburg
Archiv: I. J. Demhardt, Wiesbaden
Bild: F. Kraas, Köln
M. Coy, Tübingen
Exkursion: S. Lentz, Erfurt
Online, Offline: Th. Ott, Mannheim

Zeitschrift für Geo- und Umweltwissenschaften

PGM
Petermanns Geographische Mitteilungen

PGM publiziert ausschließlich von mindestens 2 Gutachtern zustimmend be-
wertete Aufsätze. – PGM exclusively
publishes papers reviewed and accepted by at least two referees.

Alle veröffentlichten Beiträge sind ur-
heberrechtlich geschützt. Ohne Ge-
nehmigung des Verlages ist eine Ver-
wertung strafbar. Dies gilt auch für die
Vervielfältigung per Kopie und auf
CD-ROM bzw. für die Aufnahme in
elektronische Datenbanken.

Für unverlangt eingesandte Manu-
skripte übernimmt der Verlag weder
die Publikationspflicht noch die Ge-
währ der Rücksendung.

Impressum

Verlag
Klett-Perthes
Justus Perthes Verlag Gotha GmbH
Justus-Perthes-Straße 3–5
D-99867 Gotha
Postfach 100452, D-99854 Gotha
Telefon: (03621) 385-0
Telefax: (03621) 385-102
http://www.klett-verlag.de/klett-perthes
E-Mail: perthes@klett-mail.de

Verlagsredaktion
Dr. Eberhard Benser
Stephan Frisch
Dr. Ulrich Hengelhaupt

Abonnementverwaltung
Christiane Berndt
Telefon: (03621) 385-184
Telefax: (03621) 385-103

Besprechungsexemplare
Unaufgefordert eingesandte Besprechungsexemplare können nicht zu-
rückgesandt werden.

**Erscheinungsweise
und Bezugsbedingungen**

PGM erscheint 6-mal jährlich. Der
Preis eines Jahresabonnements beträgt:

Normalabonnement
€ 75,–/sFr. 123,– (zzgl. Porto)

Studentenabonnement
(nur gegen Nachweis)
€ 49,–/sFr. 84,– (zzgl. Porto)
Gültig für Deutschland, Österreich
und die Schweiz.

Einzelhefte im Apartbezug
(ab 146. Jahrgang)
€ 15,–/sFr. 27,30 (zzgl. Porto)

Bestellungen sind direkt an den Verlag oder an Zeitschriftenhändler zu
richten. Abonnements können zu
jedem beliebigen Zeitpunkt begonnen werden. Abbestellungen werden
bis 6 Wochen vor Beginn eines neuen
Kalenderjahres akzeptiert. Adressen-
änderungen bitte unverzüglich der
Abonnementverwaltung mitteilen.

Herstellung
Digitaler PrePress Service Wolff KG
Hauptstraße 17
D-30855 Langenhagen
Druckhaus „Thomas Müntzer" GmbH
Neustädter Straße 1–4
D-99947 Bad Langensalza

Gedruckt auf Papier aus chlorfrei ge-
bleichtem Zellstoff.

ISSN 0031-6229
ISBN 3-623-08094-2

Editorial

„Die Geistesschwachen hocken untätig zu Hause, sie wälzen sich im Kote, durch Profit und gemeine Begier verwirrt; die Jünger der Weisheit aber werden stets das leibliche und geistige Auge an den Schauspielen des irdischen Paradieses weiden, unter denen nicht die letzten Herrlichkeiten die schroffen Gipfel, die unzugänglichen Abstürze, die himmelanstrebenden Wände, die zerklüfteten Felsen sind." Mag sein, dass sich die Wälzgewohnheiten des gemeinen Volkes etwas geändert haben seit diesen Ausführungen des Schweizer Naturforschers CONRAD GESSNER (1516–1565; zit. in STAHR & HARTMANN 1999: Landschaftsformen und Landschaftselemente im Hochgebirge, S. 6). Geblieben sind dagegen die Anreize, die sich Berggänger von Berggängen erhoffen – oder doch nicht?

Schauen wir genauer hin, dann ist nunmehr auch im Gebirge eine Profanisierung der Anreize festzustellen: Handelt es sich im zitierten Fall noch vornehmlich um solche geistiger Art, so stehen zumindest in den Alpen längst die sportlichen und vergnüglichen im Vordergrund: Berge als Sportgeräte für die Spaßgesellschaft! Aber dies ist natürlich nur eine Perspektive, nämlich bei globaler Betrachtung eine überbewertete zentraleuropäische (Rubrik „Forum", S. 72f.) und wohl auch nordamerikanische. Andererseits existieren „Jünger der Weisheit" auch heute noch, jedoch vernimmt man sie kaum, denn die meisten sind „leise Weise". Nur wenige verkünden ihre Weisheiten eher lautstark, proklamieren Berge ohne Menschenmassen, vor denen sie diese Ansicht zugleich vermarkten, ohne sich Rechenschaft darüber zu geben, dass Lockrufe für „richtiges" Berg-Verständnis sicher nicht zur Verminderung des Ansturms sorgen.

Und die Hochgebirgs-Geowissenschaftler? Je nach Typus stehen sie irgendwo zwischen den „Bergsportlern" und „Bergweisen". Natürlich lassen sie sich ebenfalls klassifizieren: Zunächst sind da die politisch motivierten „Bergmanager", die von Sheraton-Kongress zu Hilton-Kongress und zurück reisen, um von Bergen zu reden. Dies sind die bekanntesten, oftmals hofierten „Berggrößen". Dann gibt es die „Bergmodellierer", die Berge durchweg aus der Ferne digitalisieren und dies immerhin zumeist mit einem gewissen Respekt tun. Zuletzt folgen jene, die ins Gebirge ziehen, um GESSNERS Weisheiten nachzuspüren. Hierzu zählen die eher unbekannten „Bergarbeiter", die vieles und Strapaziöses am Berg leisten, und ohne deren Material die beiden erstgenannten Gruppen kaum leben können. Für diese Letzteren sei hier eine Lanze gebrochen, denn die meisten der Autoren dieses Heftes gehören dazu.

Bis Mitte 2002 wurde längst reichlich zum „Jahr der Berge" geschrieben, wovon vieles mit Forderungen zur Nachhaltigkeit in einem per se gefährdeten und gefährlichen Naturraum versehen ist, also im Gleichklang mit der mittlerweile zehn Jahre alten Rio-Agenda 21/Kapitel 13. Aktuelles über die Gebirgsnatur gibt es jedoch in den zugehörigen Schriften, Broschüren und Websites weitaus weniger zu lesen als über politische, soziale, wirtschaftliche, kulturelle oder ethnische Aspekte. Das vorliegende Heft setzt hierzu einen Kontrapunkt, indem vorwiegend physisch-geographische Themen aufgegriffen werden, wobei von jedem Kontinent (mit der Ausnahme Australiens) ein Gebirge vertreten ist.

Bewusst wird auch solchen Arbeiten Raum gewährt, die Studien einer wertfreien Grundlagenforschung ohne tief greifende gesellschaftlich Relevanz umfassen. Hierzu zählen Ausführungen zu einer bislang kaum beachteten Bedeutung periglazialer Hangschuttdecken in den Alpen (VEIT, MAILÄNDER & VONLANTHEN) oder auch zur Solifluktion als wohlbekanntes hochgebirgstypisches Phänomen in minderbekannten Hochlagen der Basin and Ranges Nordamerikas mit weitgehend unbekannten Verbreitungsmustern (FICKERT & GRÜNINGER). Neben diesen vornehmlich geomorphologisch orientierten Arbeiten stehen zwei weitere mit klimatologischer und pflanzengeographischer Fragestellung. Hiervon greift jene zu paläoklimatischen Studien in Tibet verstärkt methodische Aspekte auf (BRÄUNING), während jene über das trockenste Hochgebirge der Welt die Wasserturmfunktion der Cordillera de la Atacama aufzeigt und zu ökologisch-ökonomischen Problemen überleitet (RICHTER & SCHMIDT). Afrika ist mit den Drakensbergen einmal mehr durch ein weniger bekanntes Hochgebirge vertreten, wobei in dieser Arbeit eine Verbindung zwischen vegetations- und kulturgeographischen Aspekten erfolgt (NÜSSER). Mit zwei kürzeren Beiträgen zum prognostizierten Klimawandel in Hochgebirgen (Rubriken „Fernerkundung", S. 4f., und „Forum", S. 69ff.) und einem weiteren zur Lawinenüberwachung in den Alpen (Rubrik „Praxis", S. 15ff.) wird schließlich den praktisch orientierten Themen doch noch Rechung getragen.

Eine Gruppe von „Bergleuten" blieb bislang unerwähnt, das sind die „Bergbewohner". Sie und ihre oftmals bewundernswerte Leistungsfähigkeit sollen trotz der Naturlastigkeit dieses Hefts nicht aus den Augen verloren werden. Hierbei kommt Asien als in mancherlei Hinsicht gebirgigster Kontinent (Rubrik „Statistik", S. 58f.) ein weiteres Mal zum Tragen (HERBERS). Zu dieser Gruppe der „Bergleute" zählt keiner der Autoren, jedoch verbindet sie eines: Auf den Treffen des Arbeitskreises Hochgebirgsökologie haben sie längst zu erkennen gegeben, wo sie sich am liebsten aufhalten, um zur Weisheit zu finden ...

Erlangen und Kiel, im Mai 2002

MICHAEL RICHTER, HANS-RUDOLF BORK

© 2002 Justus Perthes Verlag Gotha GmbH

PGM *Fernerkundung*

Konfliktstoff „Wasser" am Qilian Shan

Gegenwärtig unterliegen die Ressourcenräume Zentralasiens, das heißt die Trocken- und Hochgebirgsräume, einem wachsenden Nutzungsdruck. Zum Bevölkerungswachstum in der VR China von ca. 10,5 % in den Jahren 1990–2000 auf 1,282 Mrd. Menschen (2000) kommt eine Veränderung der Bevölkerungsstruktur – der Anteil der ländlichen Bevölkerung ging von 72 % (1990) auf 66,6 % (2000) zurück. Die Wirtschaft konnte ein ständiges Wachstum verbuchen (7,9 % Zunahme des BIP im Jahre 2000). Mit den steigenden Einkommen veränderte sich der Konsumgüterbedarf, der sich u. a. in wachsenden Ansprüchen an die qualitative und quantitative Nahrungsmittelversorgung manifestiert. So konnte in China mit 10,8 % der Weltackerfläche der Bedarf von ca. 21,2 % der Weltbevölkerung im Jahre 2000 kaum gedeckt werden.

Derzeit werden daher Konzepte aus den 1950er Jahren administrativ forciert, die eine Inwertsetzung der semiariden bis hochariden Beckenlandschaften und Tiefländer Nordwestchinas vorsehen. Selbst bei zukünftig stabilen Klimaverhältnissen muss angesichts des zur Zeit kaum Ressourcen schonenden Wasser- und Bodenmanagements sowie des zunehmenden Nutzungsdrucks auf die fragilen Ökosysteme eine Verschärfung der ökologischen Probleme angenommen werden. Synergieeffekte eines gleichzeitigen Klima- und Landnutzungswandels machen – wie wohl in keiner anderen Region der Erde – eine weit über die ökologische Dimension hinausgehende Problemakkumulation denkbar, deren Konfliktpotential eine rechtzeitige Abschätzung zukünftiger Änderungen im Energie- und Wasserhaushalt (als Grundlage einer präventiven Ausweisung nachhaltiger Landnutzungsstrategien) notwendig macht. Doch sind gerade an der Grenze zur Anökumene Chinas Klimadaten an bioklimatische Gunststandorte gebunden und damit kaum repräsentativ für die Hochgebirge. Um zukünftige Veränderungen der Wasserverfügbarkeit abschätzen zu können, wurde ein regionales Modellkonzept entwickelt, das, gestützt auf Daten Globaler Zirkulationsmodelle (GCM), Digitaler Geländemodelle (DGM) und verfügbarer Klimabeobachtungen, eine räumlich hochauflösende Regionalisierung rezenter und potentiell zukünftiger Klimazustände ermöglicht. Mittels eines statistischen Downscalings werden lokal aufgezeichnete Klimavariationen mit großräumigen Zirkulationsmustern verknüpft und unter Berücksichtigung topographischer Einflüsse in die Fläche projiziert. Das Regionalisierungsmodell wurde für den gesamten hochasiatischen Bereich entwickelt und basiert auf Klimadaten von über 400 Stationen der Periode von 1951 bis 1990 sowie reanalysierten Zirkulationsdaten des amerikanischen CDAS-Modells in einer räumlichen Auflösung von 2,5°×2,5°. Das DGM wurde via Kriging aus den GTOPO-30-Daten erstellt.

In Figur 1a) ist das Ergebnis einer Niederschlagsregionalisierung für den Gebirgsraum des Qilian Shan dargestellt. Obwohl das Gebiet in einem der trockensten Erdräume liegt – in der Qaidam-Depression fallen Jahresniederschläge z. T. unter 25 mm –, empfangen die Hochgebirge in den Anluvbereichen außertropischer Aufgleitflächen und monsunaler Strömungen bis über 1000 mm Niederschlag. Die Hochgebirge als „Wassertürme" machen die Bewirtschaftung in der Fußstufe erst möglich. In Figur 1b) wird dieser Aspekt durch die räumlichen Variationen des NDVI unterstrichen, der neben den semihumiden Gebirgsstufen und monsunal beeinflussten Vorländern vor allem an der Grenze pleistozäner Pedimente maximale Werte annimmt. Die Niederschlags- und Schmelzwässer des Gebirges versickern in den pleistozänen Schotterkörpern und treten am Fuß der Pedimente aus. Die traditionelle Oasenwirtschaft entlang der alten Seidenstraße wurde durch diesen Mechanismus unterstützt.

Bewertungsgrundlage möglicher Veränderungen der Wasserressourcen bilden aktuelle und projizierte Einzugsgebiets-Wasserbilanzen. Die notwendigen Abflusspfade sind mit Hilfe digitaler Reliefanalyseverfahren generiert worden (Fig. 1c). Die Projektion zukünftiger Klimaverhältnisse berücksichtigt Prognosen des IPCC, die mit dem SRES (*Second Report on Emission Scenarios*) alternative Hypothesen über globale sozioökonomische und demographische Entwicklungen formulierten. A1-Szenarien beschreiben eine Welt, in der regionale sozioökonomische/kulturelle und technische Unterschiede weitgehend nivelliert sind infolge global starken Wirtschaftswachstums, der schnellen Einführung neuer Technologien und eines negativen Wachstums der Weltbevölkerung ab etwa 2050. Eine heterogene Welt mit ständig wachsender Weltbevölkerung nehmen die A2-Szenarien an. Bei der künftigen Welt der B-Szenarien werden ähnliche Annahmen getroffen, sie unterstellen aber einen schnellen Wandel zur Dienstleistungs- und Informationsökonomie sowie die Einführung sauberer und Ressourcen schonender Technologien, die bei B1 global und bei B2 lokal, regional unterschiedlich umgesetzt werden. Gemessen an den globa-

Fernerkundung

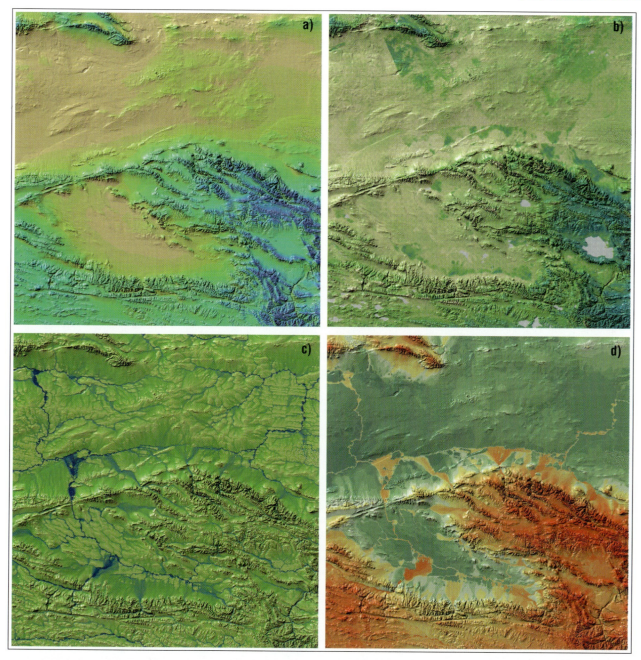

Fig. 1 Modellierungsergebnisse für den Qilian Shan: a) Niederschlagsjahressummen (<25 mm bis >1000 mm [blau]), b) Normalized Difference Vegetation Index (NDVI; −1 bis +1), c) Abflusspfade und Einzugsgebietsgrößen (1 km^2 bis >400000 km^2 [blau]), d) Veränderung der klimatischen Wasserbilanzen der Einzugsgebiete im A2-Szenario (>−10 mm bis >100 mm [rot])

len Konsequenzen, stellen die B1-Szenarien mit einem Anstieg CO_2-äquivalenter Spurengase von 370 auf 547 ppm und einer globalen Erwärmung um 1,3 K den klimatisch günstigsten Fall dar, während A2 mit 834 ppm und 4,7 K den worst case repräsentiert. Bei einer regional differenzierten Projektion auf den Hochgebirgsraum Zentralasiens ergeben sich im B1 bei um etwa 3 % erhöhten Niederschlägen und einem Temperaturanstieg von 1,0 K bis 1,8 K nur geringe Veränderungen der Wasserhaushaltskenngrößen. Die positiven Niederschlagserwartungen von 3–20,2 % im A2-Szenario suggerieren zunächst sogar verbesserte naturräumliche Rahmenbedingungen für die agrarische Nutzung. Bei Integration der Daten von 8 GCM-Prognose-Simulationen in das Regionalisierungsmodell wird dagegen deutlich, dass die Verdunstungsraten den höheren Niederschlag besonders im Gebirgsraum überkompensieren, so dass Bereiche der Gebirgsvorländer, wie der Qilian Shan, mit einer weiteren Verschärfung der Wasserknappheit zu rechnen hätten (Fig. 1 d). Allerdings sind in diesen Modellprognosen wesentliche Rückkopplungseffekte des Klimasignals unzulänglich berücksichtigt. Eine realistische Abschätzung künftiger Klimazustände ist nur zu leisten, wenn transiente GCM extreme terrestrische Wirkungen und Rückwirkungen berücksichtigen.

Jürgen Böhner & Susanne Kickner,
Universität Göttingen

Periglaziale Deckschichten im Alpenraum: bodenkundliche und landschaftsgeschichtliche Bedeutung

Heinz Veit
Reiner Mailänder
Corinne Vonlanthen

9 Figuren im Text

Periglacial Cover-beds in the European Alps: their Significance for Soil Formation and Landscape History
Abstract: Thanks to their extended verticality, the Alps provide an opportunity for research on periglacial cover-beds (particularly solifluidal cover-beds and aeolian deposits) at different altitudes. In addition to the succession of cover-beds and soils determined by altitude, a temporal succession of periglacial processes is visible as well. Current processes can be observed and measured in the subnival zone. Cover-beds in the alpine zone can be attributed to different periods during the Holocene, while in the subalpine, montane, and colline zones and in the northern Alpine Foreland the periglacial beds developed in the Late Glacial and earlier periods of the Pleistocene. An understanding of the formation and distribution of cover-beds is of interest with regard to landscape and climate history, since it can provide information on past vertical shifts of the "periglacial ecotone". Additionally, cover-beds have a decisive influence on soil formation and the current ecological characteristics of the soil.
Keywords: Alps, soils, periglacial cover-beds, solifluction, Pleistocene, Holocene, paleoclimate, altitudinal belts

Zusammenfassung: In den Alpen bietet sich aufgrund der großen Vertikalerstreckung die Gelegenheit, periglaziale Deckschichten (vor allem Solifluktionsdecken und äolische Ablagerungen) in verschiedenen Höhenstufen zu untersuchen. Parallel zur höhenstufenbedingten Abfolge ist auch eine zeitliche Abfolge periglazialer Prozesse zu erkennen. Die aktuellen Prozesse können in der subnivalen Höhenstufe beobachtet und gemessen werden. In der alpinen Höhenstufe sind die Deckschichten unterschiedlichen Perioden des Holozäns zuzuordnen. In der subalpinen, montanen und collinen Höhenstufe sowie im nördlichen Alpenvorland entstanden die periglazialen Ablagerungen im Spätglazial und in älteren Abschnitten des Pleistozäns. Die Kenntnisse der Entstehung und Verbreitung der Deckschichten sind von Interesse hinsichtlich der Landschafts- und Klimageschichte, da sie Auskunft geben über vertikale Verlagerungen der „Periglazialen Höhenstufe" in der Vergangenheit. Darüber hinaus steuern die oberflächennahen Deckschichten entscheidend die Bodenentwicklung und die heutigen ökologischen Bodeneigenschaften.
Schlüsselwörter: Alpen, Böden, periglaziale Deckschichten, Solifluktion, Pleistozän, Holozän, Paläoklima, Höhenstufen

1. Einleitung

Bodenbildung und Bodenverbreitung sind eng mit der Landschaftsgeschichte eines Raumes verknüpft. Von besonderer Bedeutung sind hierbei oberflächennahe allochthone Deckschichten, die die anstehenden Gesteine überziehen und großflächig das Ausgangsmaterial der Böden darstellen. Im folgenden Beitrag sollen nicht die vorwiegend lokal auftretenden Lockermassen wie beispielsweise Bergstürze, Schwemmfächer, Murfächer, Lawinenkegel und Moränen, sondern flächenmäßig weit verbreitete periglaziale Deckschichten beschrieben werden. Dabei handelt es sich einerseits um durchschnittlich mehrere Dezimeter mächtige Ablagerungen, die durch Solifluktion entstanden sind. Andererseits führen äolische Prozesse zur Auflagerung von Feinmaterial, das häufig sekundär durch Solifluktion umgelagert ist. Im Bereich der periglazialen Höhenstufe bilden sich diese Ablagerungen bis zum heutigen Tage. Unterhalb der Waldgrenze, in weiten Teilen auch bereits unterhalb der Rasengrenze, sind es reliktische und fossile periglaziale Bildungen, die in mehreren Perioden des Holozäns oder des Pleistozäns entstanden sind.

Die Deckschichten liefern sowohl einen wichtigen Schlüssel zum Verständnis der Bodengenese und Bodenverbreitung wie auch zur Paläogeoökologie, Klima- und Landschaftsentwicklung. Die ökologischen Standorteigenschaften der Deckschichten können vom anstehenden Gestein des Untergrundes erheblich abweichen, sofern bei der Hangabwärtsbewegung Fremdmaterial vom Oberhang Richtung Hangfuß transportiert wurde oder durch die Beimischung bzw. Auflagerung äolischen Materials die chemischen und physikalischen Eigenschaften verändert wurden. An den Schichtgrenzen ändern sich bodenstrukturelle Parameter wie Dichte, Durchlässigkeit, Korngrößenzusammensetzung, Steingehalt etc. Horizontgrenzen in Böden und Schichtgrenzen stimmen deshalb häufig überein. Deckschichten haben somit Einfluss auf die Versickerung und den oberflächennahen Wasserfluss im Boden (Interflow). Sie können Staunässe verursachen oder an Stellen, an denen sie an der Oberfläche auskeilen, zur Ausbildung von

Hochgebirge

Fig. 1 Solifluktionsloben in der periglazialen Höhenstufe der zentralen Schweizer Alpen (Furkapass, 2 500 m ü. d. M.; Foto: VEIT 2000)
Solifluction lobes in the periglacial ecotone of the central Swiss Alps (Furka Pass, 2,500 m a.s.l.; Foto: VEIT 2000)

Hangquellen führen. Die Durchwurzelungsintensität und -tiefe wird ebenfalls in hohem Maße durch die Deckschichten beeinflusst. Fehlen sie komplett und tritt das Festgestein bis an die Oberfläche, so konnten sich seit dem Spätglazial in der Regel nur sehr geringmächtige Böden (z. B. Felshumusböden, Ranker, Rendzinen) entwickeln.

Im Mittelgebirgsraum des außeralpinen Europas ist die weite Verbreitung der periglazialen Deckschichten vielfach nachgewiesen und hat in Deutschland Eingang in die bodenkundliche Systematik gefunden (AK Bodensystematik 1998). Im Alpenraum dagegen wurden diese periglazialen Deckschichten bislang kaum systematisch untersucht. Dabei bietet sich gerade hier durch die große Vertikalerstreckung die einmalige Gelegenheit, die Entstehung und Verbreitung dieser periglazialen Deckschichten und ihren Einfluss auf die Bodenentwicklung entlang eines Höhengradienten zu

Fig. 2 Standardisierte Solifluktionsbewegungen in Hochlagen der Alpen seit 1971/1972.
1. Kärnten, Kreuzeckgruppe, 1 900 m ü. d. M.: STOCKER (1979); 2. Munt Chavagl, Schweizer Nationalpark, 2 400 m ü. d. M.: GAMPER (1986); 3. Hohe Tauern, Österreich, 2 650 m ü. d. M.: VEIT et al. (1995), ergänzt nach neuen Daten; 4. Gemmi, Schweiz, 2 500 m ü. d. M.: KRUMMENACHER et al. (1998)
Standardized solifluction movements from different parts of the Alps since 1971/1972.
1. Kärnten, Kreuzeckgruppe, 1,900 m a.s.l.: STOCKER (1979); 2. Munt Chavagl, Schweizer Nationalpark, 2,400 m a.s.l.: GAMPER (1986); 3. Hohe Tauern, Austria, 2,650 m a.s.l.: VEIT et al. (1995), with new data; 4. Gemmi, Switzerland, 2,500 m a.s.l.: KRUMMENACHER et al. (1998)

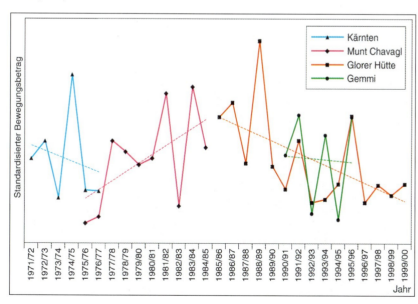

© 2002 Justus Perthes Verlag Gotha GmbH

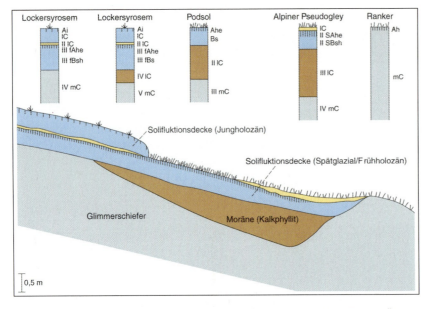

Fig. 3 Bodenabfolge auf unterschiedlich alten Solifluktionsloben (Hohe Tauern, Österreich, 2650 m ü. d. M.)
Soils on solifluction lobes of different ages (Hohe Tauern, Austria, 2,650 m a.s.l)

Fig. 4 Frühholozäner, fossiler Podsolrest (fBs-Horizont, ockerfarben) in der oberen alpinen Höhenstufe der Hohen Tauern, Österreich. Die darüber liegende jüngere Solifluktionsdecke (grau) trägt lediglich Rohböden (Foto: VEIT 1998).
Buried Early Holocene Podzol (fBs-horizon, ochre) in the upper alpine ecotone of the Hohe Tauern, Austria. The covering solifluction lobe (grey) is younger, with only minor soil development (Photo: VEIT 1998).

untersuchen. Im folgenden Beitrag werden Erkenntnisse aus langjährigen Untersuchungen im Alpenraum zusammengefasst, beginnend in der heutigen periglazialen Höhenstufe der Alpen bis ins angrenzende nördliche Vorland.

2. Periglaziale Höhenstufe

Die periglaziale Höhenstufe der Alpen, formal durch das Auftreten von Solifluktionsformen abgegrenzt (Fig. 1), setzt oberhalb der potentiellen natürlichen Waldgrenze ein. Hier überziehen periglaziale Deckschichten (Solifluktionsdecken) flächig das Anstehende und bilden das Ausgangsmaterial der Böden. Ausnahmen sind reliefbedingte Extremstandorte und Bereiche mit der Dominanz anderer Massenverlagerungsprozesse (Bergstürze etc.). Außer den Solifluktionsdecken sind auch äolische Ablagerungen charakteristisch. Wo Hänge mit schütterer oder fehlender Vegetationsbedeckung auftreten, speziell auf feinkörnigen Gesteinen, wie Kalkphyllit und Kalkglimmerschiefer, ist die Auswehung von Flugstaub ein rezenter Prozess. Die äolische Verfrachtung kann beachtliche Ausmaße erreichen. Im Großglocknergebiet und im Schweizer Nationalpark liegen die Werte für die Akkumulation von Flugstaub bei bis zu 1 000 kg/ha·a, in extremen Fällen sogar bei mehr als 18 000 kg/ha·a (BRAUN-BLANQUET & JENNY 1926, GRUBER 1980).

2.1. Subnivale Höhenstufe

In der subnivalen Höhenstufe, d.h. oberhalb der Rasengrenze, sowie in der oberen alpinen Höhenstufe mit sich langsam auflösender Rasenbedeckung ist die Bildung periglazialer Deckschichten durch Solifluktion ein rezenter Vorgang. Sie findet sowohl bei saisonalem Bodenfrost wie auch über Permafrost statt. Langfristige Untersuchungen im Schweizer Nationalpark (GAMPER 1981, 1986) und in den Hohen Tauern in Österreich (VEIT et al. 1995, JAESCHE 1999) geben Hinweise auf die steuernden Parameter. In Figur 2 sind alle bekannten Untersuchungen aus verschiedenen Teilen der Alpen zusammengefasst und die jährlichen Solifluktionsbeträge seit 1971/1972 standardisiert dargestellt. Deutlich zeichnet sich die hohe jährliche Variabilität der Bewegungen ab. Nach den Untersuchungen von GAMPER (1986) und VEIT et al. (1995) sind diese Änderungen vor allem ein Ausdruck der variablen Schneebedeckung und der Wintertemperaturen. Kalte Winter und eine geringmächtige Schneedecke bzw. spätes Einschneien ermöglichen ein tiefes Eindringen des Bodenfrostes und entsprechend im darauf folgenden Frühjahr intensive Solifluktion, wie z. B. 1988/1989. Dagegen wird bei mächtiger Schneedecke (Isolationswirkung) oder bei warmen Wintern die Entstehung von Bodenfrost und damit auch die Solifluktion stark behindert, wie z. B. 1975–1977 oder gehäuft in den 1990er Jahren. Der aktive Prozess der Solifluktion und die spärliche bis fehlende Vegetationsbedeckung verhindern eine intensive Bodenbildung, so dass gering entwickelte Rohböden dominieren (Fig. 3 u. 4).

2.2. Alpine Höhenstufe

In der alpinen Höhenstufe sind die Solifluktionsloben dicht bewachsen, häufig ohne erkennbare Bewegung, oder sie sind zumindest deutlich inaktiver im Vergleich zur subnivalen Höhenstufe. Die Untergrenze ihrer geschlossenen Verbreitung – nahe der potentiellen Waldgrenze – zeigt die maximale Depression der Solifluktionshöhenstufe im Holozän an. Die mehrfache Abfolge begrabener Böden und Solifluktionsdecken am selben Standort deuten auf die wechselvolle holozäne Klima- und Landschaftsgeschichte der alpinen Höhenstufe hin, in der Perioden der Hangstabilität und Bodenbildung mit Phasen der Solifluktion alternierten (Fig. 3 u. 4). Hierzu liegen Untersuchungen aus Südtirol, den Hohen Tauern und aus der Schweiz vor (Fig. 5). Auffällig ist dabei, dass gut entwickelte Böden dieser Höhenstufe (Podsole auf silikatischen Gesteinen, Rendzinen und verbraunte Rendzinen auf Karbonatgesteinsmaterial) Relikte aus einem früh- bis mittelholozänen Klimaoptimum darstellen, das spätestens um rund 5000 ^{14}C-Jahre v. h. beendet war (GAMPER 1981, VEIT 1993, VEIT & HÖFNER 1993). Seitdem wechseln Phasen der Bodenbildung und der Solifluktion so häufig miteinander ab, dass sich bis heute keine vergleichbaren Böden mehr entwickeln konnten. In den letzten 5000 Jahren bildeten sich in diesen Hochlagen nur noch Braunerden und Regosole (Silikat) bzw. Rendzinen (Karbonat). Unter dichtem Rasenbewuchs haben sich die früh- bis mittelholozänen Böden aber häufig bis heute als reliktische Oberflächenböden erhalten (Fig. 3), sofern sie nicht von jüngeren Loben überdeckt oder erodiert sind. Je nach dem Alter der Solifluktionsdecken treten deshalb in der alpinen Höhenstufe Böden unterschiedlichen Entwicklungsgrades häufig unmittelbar nebeneinander auf.

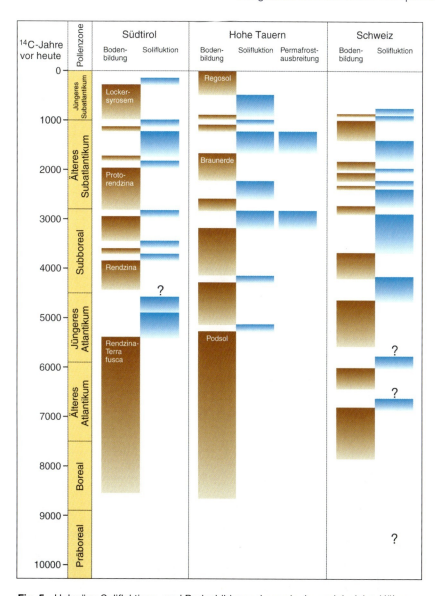

Fig. 5 Holozäne Solifluktions- und Bodenbildungsphasen in der periglazialen Höhenstufe der Alpen. 1. Südtirol: STEINMANN (1978), 2. Hohe Tauern: VEIT (1987, 1993), 3. Schweiz: GAMPER (1981, 1985)
Holocene periods with predominant solifluction or soil development in the periglacial ecotone of the Alps. 1. Südtirol: STEINMANN (1978), 2. Hohe Tauern: VEIT (1987, 1993), 3. Switzerland: GAMPER (1981, 1985)

3. Subalpine und montane Höhenstufe

Auch unter Wald sind Solifluktionsdecken und äolische Deckschichten bis in die Tieflagen typisch und stellen verbreitet das Ausgangsmaterial der Böden dar. Da die Waldgrenze im Holozän nur geringfügig um die heutige potentielle Lage schwankte, müssen die periglazialen Deckschichten der subalpinen und montanen Höhenstufe pleistozänen Alters sein. In würmzeitlich vergletscherten Gebieten sind sie in der Regel spätglazial. Eine dem außeralpinen Mitteleuropa vergleichbare Syste-

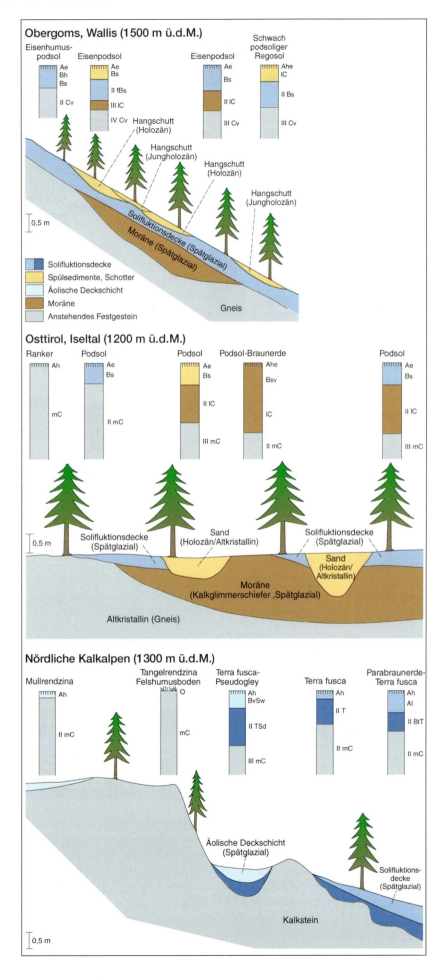

matik liegt bislang nicht vor. Aus den nördlichen Kalkalpen gab es schon früh Hinweise auf Solifluktionsdecken (HÖLLERMANN 1964). HAMANN (1985) beschreibt aus dem Tennengebirge südlich Salzburg (1 470 m ü. d. M.) eine lockere „Hauptlage" über einer dichten „Basislage". Aus dem Nationalpark Berchtesgaden stammen detaillierte Beschreibungen von komplexen Abfolgen mehrerer Solifluktionsdecken aus Gebieten mit kieselig-mergeligen Gesteinen (ARTMANN & VÖLKEL 1999, STAHR 2000). In Figur 6 sind einige Toposequenzen schematisch dargestellt. Im Beispiel Wallis (Schweiz) dominiert unter einem weitgehend ungestörten Bannwald, der im gesamten Holozän nur sehr kurzfristig (höchstens einige hundert Jahre) abgeholzt war, eine relativ dicht gelagerte Solifluktionsdecke, die flächenhaft verbreitet ist (VONLANTHEN 2001). Sie überzieht daunzeitliche Moränen des Rhônegletschers, muss also jünger sein und ist entweder ins ausgehende Daunstadium (Älteste Dryas) oder in die Jüngere Dryas zu stellen, als die Waldgrenze in den Zentralalpen letztmalig bis ca. 1500 m ü. d. M. erniedrigt wurde (AMMANN 1993). In dieser Solifluktionsdecke sind kräftige Podsole entwickelt. Nur stellenweise liegen dieser spätglazialen Solifluktionsdecke noch 1–2 holozäne Deckschichten auf, die durch Verspülung entstanden bzw. als Kolluvien anzusehen sind. In der älteren holozänen Deckschicht haben sich wiederum Podsole entwickelt, so dass an diesen Stellen zwei Podsole übereinander auftreten.

Bereits seit Beginn des 20. Jh. werden äolische Deckschichten unter Wald aus den Alpen beschrieben, die häufig sekundär solifluidal umgelagert sind. Sie werden überwiegend ins Spätglazial gestellt, bevor der Wald sich wieder ausbreiten konnte. So beschreiben z. B.

Fig. 6
Schematische Abfolgen von Deckschichten und Böden in der subalpinen und montanen Höhenstufe der Alpen
Schematic sequences of soils and coverbeds in the subalpine and montane ecotone of the Alps

SCHÖNHALS (1957) und SCHÖNHALS & POETSCH (1976) aus der Umgebung von Seefeld-Mittenwald (Österreich) Braunerden und Podsole auf Kalksteinen und Dolomiten als Folge der Auflagerung einer bis zu 1 m mächtigen äolischen Deckschicht aus silikatischem Zentralalpenmaterial. ZECH & WÖLFEL (1974) sowie ZECH & NEUWINGER (1974) lehnen diese Interpretation ab und betrachten die Böden als autochthon. Die Hinweise auf silikatische äolische Deckschichten in den Kalkalpen sind jedoch zahlreich (z.B. SCHADLER & PREISSECKER 1937, SOLAR 1964, ZECH & VÖLKL 1979, WILKE et al. 1984, BIERMAYER & REHFUESS 1985, RODENKIRCHEN 1986, HANTSCHEL et al. 1989, JERZ 1993, HÜTTL 1999). Die silikatischen äolischen Ablagerungen in den Kalkalpen führen bodentypologisch zu silikatischen Böden (Podsole, Braunerden, Parabraunerden oder Parabraunerden-Terra fusca) auf Kalkstein und Dolomit (vgl. Fig. 6). Wie sonst sollten sich auch mächtige Schluffdecken auf reinen Kalksteinen bilden, die oft nur 0,1–0,3 % (in HCl) unlösliche tonige Rückstände haben (FRANZ & SOLAR 1961). Die von SOLAR (1964, S. 8) gestellte Frage: „Bodenbildung *aus* Kalk oder *auf* Kalk?" muss also in vielen Fällen zugunsten der äolisch beeinflussten Deckschicht entschieden werden, wie dies SOLAR bereits betont hat.

Das verbreitete Auftreten spätglazialer Solifluktionsdecken in der subalpinen und montanen Höhenstufe ist demnach charakteristisch. Nicht vergessen werden darf der Mensch als gestaltender Akteur, der spätestens seit der Bronzezeit relativ massiv in das Ökosystem der Alpen eingreift und schon früh ganze Tallandschaften entwaldet hat. Böden und spätglaziale Deckschichten sind hierdurch teils entfernt bzw. durch jüngere Kolluvien überlagert.

Im Gegensatz zu den flächig entwickelten Solifluktionsdecken sind verspülte Deckschichten eher linear entlang von heutigen oder ehemaligen Abflussbahnen angeordnet. Sie können sehr zahlreich alle Höhenstufen durchziehen und haben häufig die spätglazialen Deckschichten der subalpinen und montanen Höhenstufe ausgeräumt (Fig. 6, Beispiel Iseltal) oder überdeckt (Fig. 6, Beispiel Wallis). Altersmäßig sind sie vorwiegend in das Holozän zu stellen und im Zusammenhang mit natürlichen Prozessen (z.B. Lawinenbahnen, Feuer) oder Rodungen zu sehen.

4. Colline Höhenstufe, nördliches Alpenvorland

In den tiefsten Talregionen und im nördlichen Alpenvorland sind spätglaziale Solifluktionsdecken und äolische Deckschichten ebenfalls weit verbreitet. Hier können direkte Parallelen zur Systematik in Mitteleuropa mit Differenzierungen in Hauptlagen und Mittellagen gezogen werden (AK Bodensytematik 1998). Den Haupt- und Mittellagen sind häufig äolische Fremdkomponenten (Lösslehm) beigemischt, die die Substrateigenschaften verändern. Vom deutschen Alpenvorland werden entsprechende Profile von SEMMEL (1973) und KÖSEL (1996), vom Schweizer Mittelland von MAILÄNDER & VEIT (2001a, 2001b) beschrieben. Die Komplexität dieser Deckschichten ist abhängig vom Relief und dem Alter der unterlagernden glazialen und glazifluvialen Ablagerungen (Fig. 7), was zu systematisch unterschiedlich komplexen Deckschichtenabfolgen führt. Auf den Ablagerungen des ausgehenden Hochglazials (Bern-Stadium des Aaregletschers; ca. 15 000 ^{14}C-Jahre v.h.) ist flächenhaft die Hauptlage entwickelt. Wie auch im außeralpinen Raum ist ihre Entstehung durch Solifluktion/Kryoturbation demnach klar spätglazial (Jüngere

Fig. 7 Schematische Abfolge von Deckschichten, Böden und Paläoböden im Schweizer Mittelland
Schematic sequences of cover-beds, soils and paleosols on the Swiss Plateau

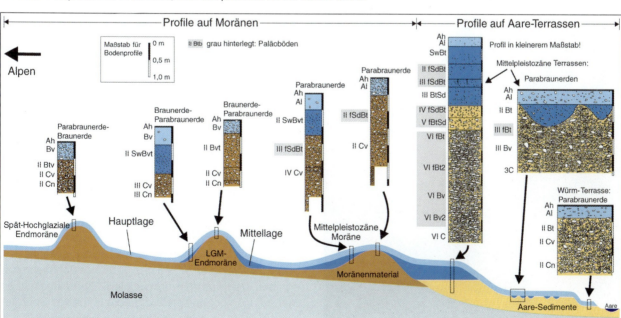

oder Älteste Dryas). Spätglaziale Vorstöße erreichten das Alpenvorland nicht mehr. Außerhalb des Bern-Stadiums ist auf Ablagerungen des würmzeitlichen Gletschermaximalstandes (LGM; ca. 18 000 ^{14}C-Jahre v. h.) unter der Hauptlage stellenweise zusätzlich eine Mittellage vorhanden, die vorwiegend aus Lösslehm besteht. Ihre Bildung erfolgte somit zwischen LGM und den späten hochglazialen Stadien (ca. 18 000–15 000 ^{14}C-Jahre v. h.). Außerhalb der LGM-Vereisung treten unter Haupt- und Mittellagen zusätzlich komplexe Abfolgen aus Solifluktionsdecken und Lösslehm auf, in die interglaziale Bt-Horizonte eingeschaltet sind (Fig. 7). Bei geringer Überlagerung der Bodenbildungen der letzten Warmzeit mit würmzeitlichem Lösslehm oder Solifluktionsdecken greift die holozäne Bodenbildung in den Bt-Horizont der letzten Warmzeit ein, so dass kräftige Unterschiede in der Bodenmächtigkeit und in der Entkalkungstiefe innerhalb und ausserhalb der würmzeitlichen Gletscherausdehnung auftreten. In Figur 8 und Figur 9 sind zwei entsprechende Bodenprofile und die periglazialen Deckschichten erkennbar.

Fig. 8 Spätglaziale Hauptlage (braun; ca. 50 cm mächtig) über Molasse-Nagelfluh (grau) im Bereich des hochglazialen Aaregletschers des Schweizer Mittellandes (Foto: MAILÄNDER 2001)
Lateglacial "Upper Layer" (brown; 50 cm thick) overlying molassenagelfluh (grey) inside the LGM extent of the Rhône Glacier on the Swiss Plateau (Photo: MAILÄNDER 2001)

5. Die periglazialen Deckschichten als paläogeoökologische Indikatoren

Das Auftreten der periglazialen Deckschichten in allen Höhenstufen des Alpenraumes ist ein Beleg dafür, dass die Untergrenze der subnivalen Höhenstufe im Jungquartär sehr stark geschwankt hat. Im LGM schloss sie das nördliche Alpenvorland mit ein (Mittellage). Bei einer heutigen Höhenlage der Untergrenze der subnivalen Höhenstufe um 2200–2600 m ü. d. M. entspricht dies einer Depression von mindestens 2000 m. Im Spätglazial erfolgte eine erneute Depression bis ins Alpenvorland (Hauptlage). Unter Einbezug der existierenden Proxydaten aus dem Alpenraum kommt dafür nur die Älteste Dryas in Betracht, in der der nördliche Alpenraum letztmalig waldfrei war (AMMANN & LOTTER 1989). Zwischen dem Verschwinden der Würmgletscher aus dem Alpenvorland (ca. 14 500 ^{14}C-Jahre v. h.) und der Wiederbewaldung im Bölling (13 000–12 000 ^{14}C-Jahre v. h.) liegt eine Zeitspanne von rund 2 000 Jahren, in der intensive periglaziale Formung stattfinden konnte. Die nur halb so starke Depression der Gletscher-Schneegrenze in der Ältesten Dryas um 700–900 m (Gschnitz-Stadium) gegenüber heute lässt sich durch die Trockenheit erklären, so dass die Gletscher der Temperaturdepression nicht folgen konnten. Solifluktion war unter diesen Umständen aber problemlos bis in die Tieflagen möglich.

In der Jüngeren Dryas waren die Verhältnisse für Solifluktion in Tieflagen nach palynologischen Befunden und δ^{18}O-Werten limnischer Sedimente nicht mehr gegeben. Die Lage der Waldgrenze wird bei 1200 bis 1500 m ü. d. M. (Nordalpen/Zentralalpen) angenommen. Ihrer Absenkung während der Jüngeren Dryas um rund 500–700 m gegenüber heute entpricht eine Absenkung der durch Blockgletscher belegten Permafrostuntergrenze in der gleichen Größenordnung. Die Gletscher-Schneegrenze erfuhr wiederum nur eine deutlich geringere Depression von rund 260–420 m gegenüber heute, was auf trockene Bedingungen hinweist. Absolute Datierungen der jüngsten spätglazialen Solifluktionsdecke unterhalb der Waldgrenze stehen noch aus. Ihr (spätglaziales) Alter könnte entlang des Höhengradienten unterschiedlich sein. So ist in der subalpinen und hochmontanen Höhenstufe aufgrund der Waldgrenzlage flächige Solifluktion durchaus noch bis in die Jüngere Dryas zu erwarten.

Am Übergang zum Holozän stieg die Waldgrenze sehr schnell auf die gegenwärtige Höhenlage an und schwankte seither nur relativ gering in einer Amplitude von rund 200 m, ebenso wie die Gletscher-Schneegrenze. Wie fossile Böden und Solifluktionsdecken zeigen, schwankte die Untergrenze intensiver Solifluktion (Rasengrenze) aber kräftiger, nämlich um rund 400 m. Die stärkeren Schwankungen der Rasengrenze im Vergleich zur Waldgrenze und der Gletscher-Schneegrenze ergeben sich aus den unterschiedlichen klimatischen Steuerungsmechanismen, die bereits für das Spätglazial diskutiert wurden. Während die periglaziale Dyna-

Fig. 9 Spätglaziale Hauptlage über hochglazialen, lösslehmreichen Kryoturbationstaschen (Spaten!) über mittelpleistozänen Schottern der Aare. In den Schottern ist ein tiefgründiger fBt-Horizont (dunkelbraun) aus einer älteren Warmzeit entwickelt. Die Untergrenze des fBt und damit die Untergrenze der Entkalkung ist im linken Profilteil in einer Tiefe von über 2 m gerade erreicht (Foto: VEIT 2001). Lateglacial "Upper Layer", overlying cryoturbate structures with reworked loess (spade for scale), overlying Middle Pleistocene gravels of the Aare River. In the fluvial sediments a deeply weathered Bt-horizon of an older Interglacial is preserved. The lower limit of the fBt-horizon and the transition to unweathered calcareous sediments is shown in the lower left part of the profile at a depth of more than 2 m (Photo: VEIT 2001).

mik in erster Linie auf die winterlichen Verhältnisse reagiert (Schneedecke, Temperatur), sind es bei der Waldgrenze und den Gletschern in starkem Maße die Bedingungen während der Ablations- bzw. Vegetationsperiode.

6. Schlussfolgerungen

Periglaziale Deckschichten geben Hinweise auf die Klima- und Landschaftsentwicklung im Alpenraum. Sie steuern außerdem in weiten Teilen entscheidend die heutige Bodenverbreitung und die Bodeneigenschaften. Die jeweils jüngsten Solifluktionsdecken, die oberflächennah den Untergrund überziehen, werden von der subnivalen Höhenstufe bis ins Alpenvorland zunehmend älter. Solifluktion und die Bildung periglazialer Deckschichten finden aktuell im Bereich und oberhalb der Rasengrenze statt. Holozäne Solifluktionsdecken verschiedener Perioden (aber vorwiegend aus dem Jungholozän) sind für die alpine Höhenstufe bis zur Waldgrenze charakteristisch. Unterhalb der Waldgrenze bis in die Tieflagen und ins nördliche Alpenvorland dominieren pleistozäne Solifluktionsdecken. Eine vergleichbare zeitliche Abfolge ergibt sich bei den äolischen Ablagerungen. Bevorzugt oberhalb der Waldgrenze finden rezente Flugstaubablagerungen statt. Unterhalb der Waldgrenze sind äolische Auflagerungen meist spätglazial und zeitlich zwischen das Abschmelzen der hochglazialen Eismassen und der böllingzeitlichen Wiederbewaldung einzuordnen. Wo geeignete Bedingungen herrschen, treten lokal auch holozäne bis rezente Flugstaubablagerungen in tieferen Lagen auf. Im nördlichen Alpenvorland sind auf den hochglazialen Ablagerungen unter der spätglazialen Hauptlage stark äolisch geprägte Mittellagen (Lösslehm) charakteristisch. Außerhalb der LGM-Moränen können die Lösslehm- und Lössablagerungen mehrere Meter bis Dekameter mächtig werden. Mit eingeschlossenen Paläoböden repräsentieren sie dann mehrere Kalt- und Warmzeiten.

Literatur

AK Bodensystematik der DBG (1998): Systematik der Böden und der bodenbildenden Substrate Deutschlands. Mitt. Dt. Bodenkdl. Ges., **86**: 1–180.

AMMANN, B. (1993): Flora und Vegetation im Paläolithikum und Mesolithikum der Schweiz. In: LE TENSORER, J.-M., & U. NIFFELER [Hrsg.]: Die Schweiz vom Paläolithikum bis zum frühen Mittelalter. Basel: 66–84.

AMMANN, B., & A.F. LOTTER (1989): Late-Glacial radiocarbon- and palynostratigraphy on the Swiss Plateau. Boreas, **18**: 109–126

ARTMANN, S.. & J. VÖLKEL (1999): Untersuchungen an periglazialen Deckschichten im Nationalpark Berchtesgaden, Nördliche Kalkalpen. Z. f. Geomorph., **43** (4): 463–481.

BIERMAYER, G., & K.E. REHFUESS (1985): Holozäne Terrae fuscae aus Carbonatgesteinen in den nördlichen Kalkalpen. Z. Pfl. Bodenk., **148**: 405–416.

BRAUN-BLANQUET, J., & H. JENNY (1926): Vegetationsentwicklung und Bodenbildung in der alpinen Stufe der Zentralalpen. Denkschrift Schweiz. Naturf. Ges., **63** (2): 183–349.

FRANZ, H., & F. SOLAR (1961): Das Raxplateau und seine Böden. Mitt. d. Österr. Bodenkdl. Ges. Wien, **6**: 81–101.

GAMPER, M. (1981): Heutige Solifluktionsbeträge von Erdströmen und klimamorphologische Interpretation fossiler Böden. Erg. wiss. Unters. Schweiz. Nationalpark, **15** (79): 355–443.

GAMPER, M. (1986): Mikroklima und Solifluktion: Resultate von Messungen im schweizerischen Nationalpark in den Jahren 1975–1985. Göttinger Geogr. Abh., **84**: 31–44.

GRUBER, F. (1980): Die Verstaubung der Hochgebirgsböden im Glocknergebiet. In: FRANZ, H. [Hrsg.]: Untersuchungen an alpinen Böden in den Hohen Tauern 1974–1978. Stoffdynamik und Wasserhaushalt. Innsbruck: 69–90. = Veröffentl. des Österr. MaB-Hochgebirgsprogramms Hohe Tauern, **3**.

HAMANN, C. (1985): Buckelwiesen und Konvergenzformen am Südrand des Tennengebirges und in anderen Arealen der Nördlichen Kalkalpen. Salzburger Geogr. Arb., **10**: 1–182.

HANTSCHEL, R., PFIRRMANN, T., & T. EISENMANN (1989): Bodenökologische Charakterisierung von Waldschadensflächen im bayerischen Kalkalpenraum. Mitt. Dtsch. Bodenk. Ges., **59** (1): 373–378.

HÖLLERMANN, P. (1964): Rezente Verwitterung, Abtragung und Formenschatz in den Zentralalpen am Beispiel des oberen Suldentales (Ortlergruppe). Z. f. Geomorph., N.F., Suppl.-Bd., **4**.

HÜTTL, C. (1999): Steuerungsfaktoren und Quantifizierung der chemischen Verwitterung auf dem Zugspitzplatt (Wettersteingebirge, Deutschland). Münchner Geographische Abhandlungen, Reihe B, **30**: 1–171.

JAESCHE, P. (1999): Bodenfrost und Solifluktionsdynamik in einem alpinen Periglazialgebiet (Hohe Tauern, Osttirol). Bayreuther Geow. Arb., **20**: 1–136.

JERZ, H. (1993): Geologie von Bayern. II. Das Eiszeitalter in Bayern. Stuttgart.

KÖSEL, M. (1996): Der Einfluss von Relief und periglazialen Deckschichten auf die Bodenbildung im mittleren Rheingletschergebiet von Oberschwaben. Tübinger Geow. Arb., Reihe D, **1**.

MAILÄNDER, R., & H. VEIT (2001a): Periglacial cover-beds on the Swiss Plateau: indicators of soil, climate and landscape evolution during the Late Quaternary. Catena, **45** (4): 251–272.

MAILÄNDER, R., & H. VEIT (2001b): Böden und Deckschichten auf kaltzeitlichen Sedimenten des Schweizer Mittellandes. Mitt. Dt. Bodenkdl. Ges., **96** (2): 529–530.

RODENKIRCHEN, H. (1986): Terra fusca-Braunerden and Eisen-Humus-Podsol in the calcarous Alps of Bavaria – Bayrischzell/Kloaschautal. Mitt. Dtsch. Bodenk. Ges., **46**: 35–48.

SCHADLER, J., & H. PREISSECKER (1937): Studien über Bodenbildung auf der Hochfläche des Dachsteins. Jb. Oberöster. Musealverein, **87**: 313–367.

SCHÖNHALS, E. (1957): Späteiszeitliche Windablagerungen in den nördlichen Kalkalpen und die Entstehung der Buckelwiesen. Natur und Volk, **87**: 317–328.

SCHÖNHALS, E., & T.J. POETSCH (1976): Körnung und Schwermineralbestand als Kriterien für eine Deckschicht in der Umgebung von Seefeld und Leutasch (Tirol). Eiszeitalter u. Gegenwart, **27**: 134–142.

SEMMEL, A. (1973): Periglaziale Umlagerungszonen auf Moränen und Schotterterrassen der letzten Eiszeit im deutschen Alpenvorland. Z. Geomorph., N.F., Suppl.-Bd., **17**: 118–132.

SOLAR, F. (1964). Zur Kenntnis der Böden auf dem Raxplateau. Mitteilungen der Österr. Bodenk. Ges., **8**: 1–71.

STAHR, A. (2000): Zur Differenzierung periglazialer Deckschichten der montanen und subalpinen Höhenstufen in den Berchtesgadener Alpen. Frankf. Geow. Arb., **26**: 155-172.

VEIT, H. (1993): Holocene solifluction in the Austrian and southern Tyrolean Alps: dating and climatic implications. In: FRENZEL, B. [Hrsg.]: Solifluction and climatic variation in the Holocene [ESF Projekt European Palaeoclimate and Man 6]. Stuttgart, Jena, New York: 23–32. = Paläoklimaforschung, **11**.

VEIT, H., & T. HÖFNER (1993): Permafrost, gelifluction and fluvial sediment transfer in the alpine/subnival ecotone, central Alps, Austria: Present, past and future. Z. Geomorph., N.F., Suppl.-Bd., **92**: 71–84.

VEIT, H., STINGL, H., EMMERICH, K.-H., & B. JOHN (1995): Zeitliche und räumliche Variabilität solifluidaler Prozesse und ihre Ursachen. Ein Zwischenbericht nach acht Jahren Solifluktionsmessungen (1985–1993) an der Meßstation „Glorer Hütte", Hohe Tauern, Österreich. Z. Geomorph., N. F., Suppl.-Bd., **99**: 107–122.

VONLANTHEN, C. (2001): Der Einfluss von Relief und Deckschichten auf Böden und Vegetation in der subalpinen und alpinen Stufe (Furka/CH). Unveröff. Diplomarbeit, Geogr. Institut der Univ. Bern.

WILKE, B.-M., MISHRA, V.K., & K.E. REHFUESS (1984): Clay mineralogy of a soil sequence in slope deposits derived from Hauptdolomit (Dolomit) in the Bavarian Alps. Geoderma, **32**: 103–116.

ZECH, W., & I. NEUWINGER (1974): Podsolbildung aus kalkreichen Substraten. Beobachtungen in den Tiroler Kalkalpen bei Seefeld. Forstwiss. Zentralblatt, **93**: 179–191.

ZECH, W., & W. VÖLKL (1979): Beitrag zur bodensystematischen Stellung kalkalpiner Verwitterungslehme. Mitt. Dt. Bodenkundl. Ges., **29**: 661–668.

ZECH, W., & U. WÖLFEL (1974): Untersuchungen zur Genese der Buckelwiesen im Kloaschautal. Forstwiss. Centralblatt, **93**: 137–155.

Manuskriptannahme: 29. April 2002

Prof. Dr. HEINZ VEIT, CORINNE VONLANTHEN, Universität Bern, Geographisches Institut, Hallerstraße 12, 3012 Bern, Schweiz
E-Mail: veit@giub.unibe.ch
E-Mail: covo@giub.unib.ch

REINER MAILÄNDER, Geotechnisches Institut AG, Wallisellenstrasse 5, 8050 Zürich, Schweiz
E-Mail: reiner.mailaender@geo-online.com

Lawinenwarnzentrale im Bayerischen Landesamt für Wasserwirtschaft

Lawinen stellen eine tödliche Gefahr. Als Auslöser kommen starker Schneefall, Windverfrachtung, einsetzender Regen, plötzlicher Anstieg der Temperatur oder die zusätzliche Belastung der Schneedecke durch Menschen oder Tiere in Frage.

Am 15. Mai 1965 überraschte eine riesige Schneebrettlawine die Gäste des Schneefernerhauses auf der Zugspitze. Über die Dachterrasse des Hotels wurden 10 Menschen in den Tod gerissen (Fig. 1). Das Unglück war Anlass, in Bayern eine organisierte Lawinenwarnung einzuführen. Im Dezember 1967 erfolgte die Gründung des Lawinenwarndienstes Bayern.

Aufgabe des Lawinenwarndienstes (LWD) ist es, „die Bevölkerung vor Gefahren durch Lawinen zu warnen, das Lawinengeschehen zu dokumentieren sowie Behörden und private Stellen bei der Vorbereitung und Durchführung der Gefahrenabwehr zu beraten".

Um diese Aufgaben erfüllen zu können, haben die betroffenen bayerischen Gemeinden örtliche Lawinenkommissionen eingerichtet. Landesweit sind in 32 Lawinenkommissionen rund 350 Personen ehrenamtlich tätig.

Die Mitglieder in den Lawinenkommissionen beurteilen während des Winters laufend die Schneedecken-, Wetter- und Lawinensituation und informieren die entsprechende Gemeinde oder das zuständige Landratsamt als Sicherheitsbehörde über die aktuelle Lawinenlage. Die notwendigen Entscheidungen werden dann von den Behörden getroffen.

Fig. 1 Beim Lawinenunglück im Jahre 1965 auf der Zugspitze zogen die Helfer Gräben, um nach Verschütteten zu suchen (Foto: LWZ Bayern).

Praxis

Fig. 2   Automatische Messstation am Nebelhorn/Allgäuer Alpen (Foto: LWZ Bayern)

Die Mess- und Beobachtungsstationen

Die Lawinenwarnung kommt ohne aktuelle Grundlageninformationen nicht aus. Deshalb unterstützen 50 ehrenamtliche Helfer an Mess- und Beobachtungsstationen die Lawinenwarnung.

Sie liefern an ausgewählten Stellen der Bayerischen Alpen täglich in den Frühstunden und am Nachmittag Mess- und Beobachtungsdaten über Wetter, Schneedecke und Lawinenaktivität. Mehr als 20 Schneemessfelder dienen der Untersuchung des Schneedeckenaufbaus. In zweiwöchigem Abstand wird dort die Schneedecke aufgegraben und ein sog. Schneeprofil gefertigt.

15 automatische Stationen, die rund um die Uhr Daten liefern (über Computer abrufbar), ergänzen das Messnetz (Fig. 2).

Die Lawinenwarnzentrale

Die lokalen Informationen und Messdaten sind die Basis für die örtliche Lawinenwarnung. Darüber hinaus

Bei Bedarf liefern die Lawinenkommissionen Empfehlungen für Lawinensicherungsmaßnahmen (z. B. Sperrungen von Straßen und Skiabfahrten oder künstliche Lawinenauslösungen). Auch die Aufhebung lawinenbedingter Sperrungen beruht auf einer Lagebeurteilung durch die Lawinenkommission.

Seit Gründung des LWD in Bayern gab es im überwachten Bereich keinen tödlichen Lawinenunfall mehr. Dies zeigt eindrucksvoll, mit welcher Sorgfalt die verantwortungsvolle Tätigkeit in den Lawinenkommissionen wahrgenommen wird.

Die Aufgabe erfordert von den ehrenamtlich Mitwirkenden zudem ein großes Maß an persönlichem Engagement, an Orts- und Fachkunde sowie an Bergerfahrung und körperlicher Leistungsfähigkeit.

Fig. 3   Europäische Lawinengefahrenskala

Gefahrenstufe		Schneedeckenstabilität	Lawinen-Auslösewahrscheinlichkeit	Hinweise für den Tourengeher
1	gering	Die Schneedecke ist allgemein gut verfestigt und stabil.	Auslösung ist allgemein nur bei großer[2] Zusatzbelastung an sehr wenigen, extremen Steilhängen möglich. Spontan sind nur kleine Lawinen (so genannte Rutsche) möglich.	Allgemein sichere Tourenverhältnisse
2	mäßig	Die Schneedecke ist an einigen[1] Steilhängen nur mäßig verfestigt, ansonsten allgemein gut verfestigt.	Auslösung ist insbesondere bei großer[2] Zusatzbelastung vor allem an den angegebenen Steilhängen möglich. Größere spontane Lawinen sind nicht zu erwarten.	Unter Berücksichtigung lokaler Gefahrenstellen[1] günstige Tourenverhältnisse.
3	erheblich	Die Schneedecke ist an vielen[1] Steilhängen nur mäßig bis schwach verfestigt.	Auslösung ist bereits bei geringer[2] Zusatzbelastung vor allem an den angegeben Steilhängen möglich. Fallweise sind spontan einige mittlere, vereinzelt aber auch große Lawinen möglich.	Skitouren erfordern lawinenkundliches Beurteilungsvermögen; Tourenmöglichkeiten eingeschränkt.
4	groß	Die Schneedecke ist an den meisten[1] Steilhängen schwach verfestigt.	Auslösung ist bereits bei geringer[2] Zusatzbelastung an zahlreichen Steilhängen wahrscheinlich. Fallweise sind spontan viele mittlere, mehrfach auch große Lawinen zu erwarten.	Skitouren erfordern großes lawinenkundliches Beurteilungsvermögen; Tourenmöglichkeiten stark eingeschränkt.
5	sehr groß	Die Schneedecke ist allgemein schwach verfestigt und weitgehend instabil.	Spontan sind zahlreiche große Lawinen, auch in mäßig steilem Gelände zu erwarten.	Skitouren sind allgemein nicht möglich.

[1] im Lawinenlagebericht im Allgemeinen näher beschrieben (z.B. Höhenlage, Exposition, Geländeform, etc.)
[2] große Zusatzbelastung: z.B. Skifahrergruppe ohne Abstände, Pistenfahrzeug, Lawinensprengung; geringe Zusatzbelastung: z.B. einzelner Skifahrer, Fußgänger

laufen alle Informationen in der Lawinenwarnzentrale im Bayerischen Landesamt für Wasserwirtschaft zusammen und bilden dort die Grundlage für die überregionale Lawinenwarnung. In den Wintermonaten veröffentlicht die Lawinenwarnzentrale dazu täglich den Lawinenlagebericht für den bayerischen Alpenraum.

Zu den Aufgaben der Lawinenwarnzentrale gehört es außerdem, das Lawinengeschehen in Bayern zu dokumentieren, Gutachten über Lawinengefährdungen zu erstellen, bei Schutzmaßnahmen beratend mitzuwirken und die ehrenamtlichen Mitarbeiter durch Schulungen im Lawinenwarndienst aus- und fortzubilden.

Fig. 4 Staublawine Alpspitze, Werdenfelser Alpen, Februar 1999 (Foto: Bayerische Zugspitzbahn AG)

Der Lawinenlagebericht

Der Lawinenlagebericht wird in den Wintermonaten täglich bis 7:30 Uhr von der Lawinenwarnzentrale veröffentlicht. Er liefert eine Beschreibung der aktuellen Lawinensituation im bayerischen Alpenraum auf der Basis der „Europäischen Lawinengefahrenskala" (Fig. 3). Der Bericht weist eine Gefahrenstufe aus und beinhaltet in vier Abschnitten die folgenden wichtigen Detailinformationen:

- „Allgemeines" enthält Hinweise auf jene Wetterfaktoren, die für die Beurteilung der Lawinensituation besonders wichtig sind (Neuschnee, Temperatur, Wind).

- „Schneedecke" skizziert kurz den Schneedeckenaufbau und beschreibt besonders kritische Schichten in der Schneedecke (wie z. B. eingeschneiter Oberflächenreif oder bindungsarmer Schwimmschnee).

- „Beurteilung der Lawinengefahr" gibt die Gefahrenstufe an und benennt die Gefahrenstellen im Gelände (Höhenlage, Hangrichtung, Relief). Außerdem wird auf die Auslösewahrscheinlichkeit hingewiesen (Zusatzbelastungen).

Fig. 5 Tiefschneevergnügen endete tödlich (Klausenberg 1998, 2 Lawinentote; Foto: LWZ Bayern)

- „Hinweise und Tendenz" enthält ergänzende Ratschläge für Skitourengeher und einen Ausblick auf die zu erwartende Entwicklung der Lawinensituation in den nächsten Tagen.

Die Verantwortung liegt beim Einzelnen

Seit 1967 kamen in Bayern – im nicht überwachten Bereich – fast 100 Menschen in Lawinen ums Leben. Es waren überwiegend Skifahrer, die abseits gesicherter Pisten oder auf Skitour unterwegs waren und die Lawinen meist selbst auslösten (Fig. 4 u. 5).

Die Lawinenwarnung liefert einen Überblick über die allgemeine Lawinensituation. Sie ist damit eine wertvolle Beurteilungsgrundlage für die Skifahrer und Snowboarder. Die Entscheidung vor Ort, ob ein Hang befahren werden darf, kann dem Wintersportler aber nicht abgenommen werden. Diese Entscheidung haben Skifahrer und Snowboarder in Eigenverantwortung zu treffen.

BERNHARD ZENKE, München

Interaktionen von Vegetation und frostbedingter Morphodynamik in den Gebirgen des semiariden Great Basin

Thomas Fickert
Friederike Grüninger

19 Figuren im Text

Interactions of Vegetation and Soil Frost Activity in Semiarid Mountain Ranges of the Great Basin
Abstract: Large-scale patterned ground occurs in mountain ranges of the Great Basin above 4,100 m a.s.l., an elevation which is reached only in the White Mountains of Eastern California. Small-scale patterned ground, however, is widespread far below timberline, a fact that is contrary to the common opinion of tree growth excluding extensive solifluction. Low density of drought- and cold resistant conifers highly supports the low-lying occurrence of patterned ground. The belt of active patterned ground – even though mostly small-scale – extends over more than 2,000 vertical metres and across several vegetation belts. An obvious species selection was not observed, mainly due to the widespread character of the patterned ground processes. Uninfluenced sites which would allow a comparative study were not found in close proximity to the study plots. Taprooted perennials and subshrubs on woodland sites show strong root deformation and elongation. For some of these species the mean life expectancy is known,[1] so that rates of soil movement may be estimated. A final overview clarifies the vertical distribution of patterned ground features in dependence on aridity and conifer cover for the high mountain ranges of the SW-USA.
Keywords: Great Basin, Schell Creek Range, Spring Mountains, White Mountains, soil frost activity, patterned ground, solifluction, root deformation

Zusammenfassung: Großformen frostbedingter Morphodynamik treten in den Gebirgen des Great Basin erst oberhalb von 4 100 m ü. NN auf, einer Höhe, die einzig in den White Mountains in Ostkalifornien erreicht wird. Dagegen finden sich flächenhaft solifluidale Kleinformen bereits weit unterhalb der Waldgrenze, was in gewissem Widerspruch zu der gängigen Lehrmeinung steht, dass sich Waldwuchs und flächenhafte Solifluktion ausschließen; weitständiger Wuchs trocken- und kälteresistenter Koniferen erlaubt dieses tief reichende Auftreten. Der Bereich aktiver Frostmusterung – wenn auch überwiegend von Kleinformen – erstreckt sich z. T. über mehr als 2 000 Höhenmeter und über mehrere Vegetationsgürtel hinweg. Eine deutliche Artenselektion konnte weder auf Flächen mit Kleinformen innerhalb der Offenwälder noch auf Flächen im subnivalen Bereich mit Großformen beobachtet werden, da die frostbedingte Morphodynamik in beiden Fällen so weit verbreitet ist, dass unbeeinflusste Vergleichsflächen fehlen. Perenne Kräuter und Halbsträucher auf den Untersuchungsflächen in den Offenwäldern zeigen deutlich gedehnte und deformierte Pfahlwurzeln. Für einige dieser Arten liegen Daten über die durchschnittliche Lebenserwartung vor,[2] mit denen Bewegungsraten abgeschätzt werden können. Eine abschließende Übersicht veranschaulicht die Höhenverbreitung solifluidaler Prozesse in Abhängigkeit der Ariditätsverhältnisse und Waldtypenverteilung in Hochgebirgen im Südwesten der USA.
Schlüsselwörter: Great Basin, Schell Creek Range, Spring Mountains, White Mountains, Bodenfrostdynamik, Frostmuster, Solifluktion, Wurzeldehnung

1. Einleitung

Solifluktions- und Frostmustererscheinungen sind hinlänglich bekannte Erscheinungen in nahezu allen Hochgebirgen der Erde. Auch in den semiariden Gebirgen im Südwesten der USA sind entsprechende Formen bekannt, wenn auch generell weniger stark ausgebildet als in Gebirgen der humiden Mittelbreiten. Substratbedingte edaphische Trockenheit im Zusammenspiel mit relativer klimatischer Ungunst wird für die Verarmung an solifluidalen Erscheinungen verantwortlich gemacht (HÖLLERMANN 1980). Dieselben Faktoren sind für die offene, lückige Vegetation oberhalb der Waldgrenze verantwortlich, so dass hier eine Unterteilung der eigentlichen Solifluktionsstufe in Bereiche gebundener und ungebundener Solifluktion – typisch für humide Mittelbreiten-Gebirge – nicht möglich ist. Großformen sind in den Gebirgen im Südwesten der USA generell selten und überwiegend reliktisch. Rezente Großformen, wie sie z. B. von den White Mountains (MITCHELL et al. 1966, WILKERSON 1995) beschrieben werden, sind auf Gebiete über 4 100 m Meereshöhe beschränkt – eine Höhe, die im Great Basin nur in den White Mountains erreicht wird – oder aber an lokale Gunstfaktoren gebunden (vor allem Windexposition, z. B. White Mountains unterhalb 4 100 m ü. NN oder Snake Range in Ostnevada).

[1] Information kindly provided by Mrs. CHRISTY MALONE, Herbarium University of Nevada, Reno
[2] Freundliche mündliche Mitteilung von Frau CHRISTY MALONE, Herbarium University of Nevada, Reno

Hochgebirge

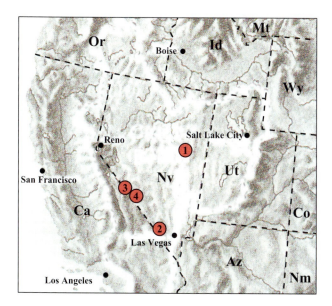

Fig. 1 Lage der Untersuchungsgebiete; 1: Schell Creek Range, Kiefern-Wacholder-Offenwald; 2: Spring Mountains, *Pinus longaeva*-Offenwald; 3: White Mountains, subnival; 4: White Mountains, alpin
Study areas; 1: Schell Creek Range, Pinyon-Juniper woodland; 2: Spring Mountains, *Pinus longaeva* woodland; 3: White Mountains, subnival; 4: White Mountains, alpine

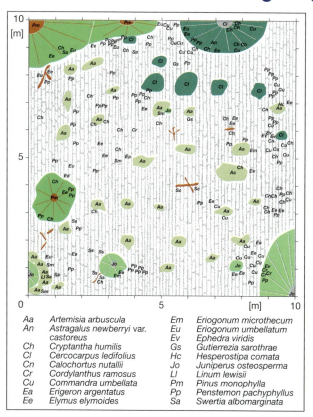

Fig. 2 Frostmuster-Kleinformen im Kiefern-Wacholder-Offenwald in der Schell Creek Range, 2 150 m ü. NN, Ostnevada; Hangneigung 3°, ENE
Small-scale patterned ground in the Pinyon-Juniper woodland, Schell Creek Range, 2,150 m a. s. l., E-Nevada; slope angle 3°, ENE

Den überwiegenden Teil frostbedingter Oberflächenformen in den Gebirgen des Great Basin stellen Kleinformen dar, die durch tageszeitliche Frostwechsel der Übergangsjahreszeiten hervorgerufen werden. Solche Mikroformen finden sich bereits in außergewöhnlich tiefen Lagen von mehr als 1 000 m unterhalb der Waldgrenze, die im Untersuchungsraum bei 3 400–3 500 m ü. NN liegt. Sie sind dort meist sogar flächenhafter und deutlicher als in den Hochlagen der Gebirge ausgebildet. HÖLLERMANN (1980) erwähnt diese tief liegenden Vorkommen, und auch aus den Steppenbereichen (Palouse prairie) des westlichen Columbia-Plateaus wird über entsprechende Erscheinungen berichtet (PYRCH 1973). Eigene Beobachtungen liegen aus zahlreichen Gebirgen des Great Basin vor: Toquima Range, Schell Creek Range, Snake Range, White Mountains, Panamint Mountains, Spring Mountains.

Im Folgenden sollen anhand von vier Fallbeispielen (Fig. 1) aus unterschiedlichen Höhenbereichen Interaktionen von Pflanzenwuchs und frostbedingter Morphodynamik aufgezeigt werden.

2. Fallbeispiele

2.1. Kiefern-Wacholder-Offenwälder in der Schell Creek Range (Ostnevada)

Die tiefsten Vorkommen einer eindeutig frostbedingten Oberflächenmusterung (vgl. KELLETAT 1985 zu „Periglazialformen" ähnelnden Erscheinungen im Zusammenhang mit Splash-Dynamik auf dem Colorado-Plateau) setzen in allen besuchten Gebirgen bereits knapp oberhalb der unteren, hygrisch bedingten Baumgrenze ein. Figur 2 zeigt die Aufsicht eines solch offenen *Pinus Juniperus*-Bestandes in der Schell Creek Range (Ostnevada) in etwa 2 150 m Höhe in kalkigem Substrat. Für das untersuchte Höhenniveau liegen von der in ähnlicher Meereshöhe gelegenen Station Lehman Caves in der benachbarten Snake Range Klimadaten vor (Fig. 3). Nahezu tägliche Frostwechsel während des Winterhalbjahres und relativ geringe Schneefälle schaffen ideale Bedingungen zur Bildung von Kammeis und Mikrosolifluktion.

Zwei Koniferen, *Pinus monophylla* und *Juniperus osteosperma*, sowie der immergrüne *Cercocarpus ledifolius* bilden die lückige Kronenschicht in einer Höhe von 5–8 m. Die Gesamtdeckungswerte liegen bei 20–35 %. Die Strauchschicht ist mit *Artemisia arbuscula* als dominierende Unterwuchsart sehr spärlich. Daneben finden sich in geringeren Anteilen *Ephedra viridis*, Zwergsträucher wie *Eriogonum* div. spec. und *Gutierrezia sarothrae* sowie verschiedene Hemikryptophyten und Therophyten, die zwar zum Artenreichtum der Fläche, jedoch wenig zu deren Bedeckungsgrad beitragen. Die nicht bedeckte Fläche ist vollständig von leicht in die Länge gezogenen Miniaturpolygonen gemustert (Fig. 4). Die Breite dieser Erscheinungen beträgt 10–15 cm, was Frosteindringtiefen von 7–10 cm annehmen lässt. Lediglich die Bereiche unter den Bäumen bleiben un-

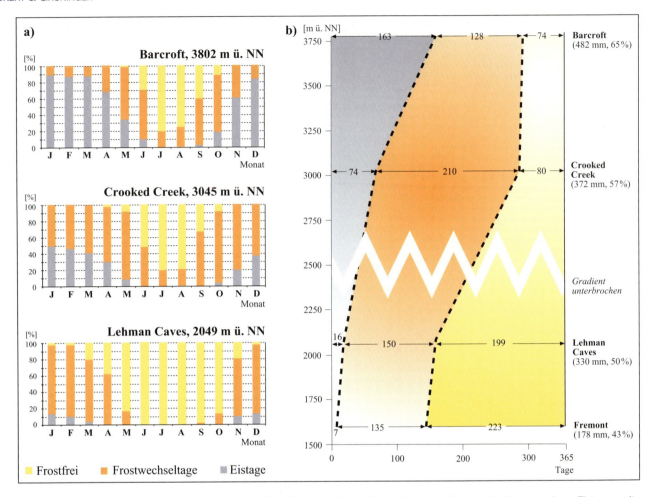

Fig. 3 a) Saisonale Verteilung und b) höhenwärtiger Wandel der Anzahl frostfreier Tage, von Frostwechseltagen und von Eistagen mit Angabe des Jahresniederschlages und des prozentualen Anteils des Winterniederschlages am Jahresgesamtniederschlag für verschiedene Klimastationen im Untersuchungsraum
a) Seasonal distribution and b) elevational change of frost-free days, diurnal freeze-thaw cycles and continuous freezing for several climatological stations in the study area, including mean annual precipitation and contribution of winter precipitation to the annual mean

gemustert, da die Überschirmung sowohl die tägliche Ein- als auch die nächtliche Ausstrahlung dämpft und so ein Mikroklima geschaffen wird, das die frostbedingte Morphodynamik mindert. Wie Figur 2 zeigt, hat die Solifluktion keine Auswirkung auf das räumliche Verteilungsmuster der Arten, da alle sowohl im Bereich der Baumteller als auch auf den offenen Bereichen siedeln.

Offensichtlich sind die präsenten Arten an geringe, aber häufige Bodenbewegungen gut angepasst. Während die Wurzeln der Chamaephyten und Phanerophyten deutlich unter die bewegten oberen Zentimeter hinabreichen, haben die krautigen Arten fast ausnahmslos Pfahlwurzeln und können so flachgründige Bewegungen besser überstehen als Pflanzen mit fein verzweigtem Wurzelwerk (vgl. RAUP 1969). Wurzeluntersuchungen zeigen, dass die Bodenbewegung zu einer Wurzeldehnung parallel zur Gefällsrichtung führt. Im Falle des Zwergstrauches *Eriogonum microthecum* (Fig. 5), der ein Alter von 10 Jahren erreichen kann, lassen sich Bewegungsraten zwischen 2 und 3 cm/a annehmen. Auf ähnliche Beträge lässt sich aus der Wurzeldehnung von *Penstemon pachyphyllus* (Fig. 6) bei nur 3–5 Jahren Lebenserwartung schließen. Arten im Baumtellerbereich weisen dagegen keine Wurzeldeformation auf, ebenso wenig Therophyten (z. B. *Cordylanthus ramo-*

Fig. 4 Polygonale Frostmuster-Kleinformen im Kiefern-Wacholder-Offenwald in der Schell Creek Range, 2150 m ü. NN
(Foto: FICKERT 2001)
Polygonal features of small-scale patterned ground in the Pinyon-Juniper woodland, Schell Creek Range, 2,150 m a.s.l.
(Photo: FICKERT 2001)

Fig. 5 (rechts)
Eriogonum microthecum mit 17 cm horizontal verzogener Wurzel, 2 150 m ü. NN, Schell Creek Range (Zeichnung: GRÜNINGER 2001)
Eriogonum microthecum with horizontally elongated root system (17 cm), 2,150 m a.s.l., Schell Creek Range (Drawing: GRÜNINGER 2001)

Fig. 6 (unten)
Penstemon pachyphyllus mit 9 cm horizontal verzogener Wurzel, 2 150 m ü. NN, Schell Creek Range (Zeichnung: GRÜNINGER 2001).
Penstemon pachyphyllus with horizontally elongated root system (9 cm), 2,150 m a.s.l., Schell Creek Range (Drawing: GRÜNINGER 2001)

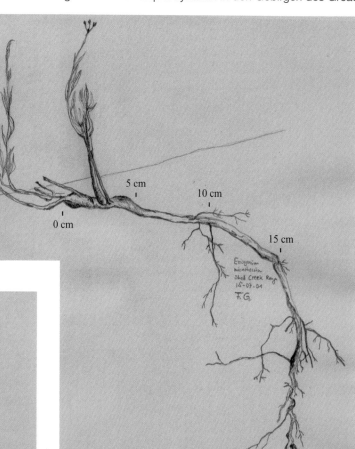

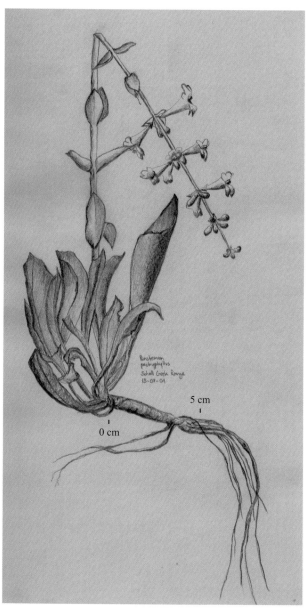

2.2. *Pinus longaeva*-Offenwälder in den Spring Mountains (Südnevada)

Dichte, subalpine Koniferenwälder aus Tannen und Fichten, die eine flächenhafte Ausbildung von Frostmustererscheinungen unterbinden würden, fehlen den trockeneren Gebirgen des westlichen Great Basin. Stattdessen ist auch die subalpine Stufe überwiegend von weitständigen Kiefern (*Pinus flexilis* und/oder *Pinus longaeva*) mit spärlichem Unterwuchs und flächenhaft gemusterten Zwischenbereichen gekennzeichnet (Fig. 7). Figur 8 zeigt einen solchen von Steinstreifen geprägten Hangausschnitt in 3 000 m Meereshöhe in den Spring Mountains (Südnevada) auf kalkigem Substrat. Streifenabstände von 20 cm belegen gegenüber dem *Pinus Juniperus*-Offenwald eine tiefer reichende Frosteinwirkung. Da auch in den Spring Mountains Klimadaten aus den Hochlagen fehlen, muss auf die Station Crooked Creek in den White Mountains in etwa gleicher Höhenlage zurückgegriffen werden, von wo vergleichbare Formen von LAMARCHE (1968) beschrieben werden. Mit 210 Tagen liegt die Frostwechselhäufigkeit deutlich über der von Lehman Caves (Fig. 3). Auch verschiebt sich die morphologisch aktive Zeit bei günstigen Feuchtebedingungen nach dem Abschmelzen der Winterschneedecke

sus), die erst sprießen, wenn die Nachtfröste nachlassen und keine Bodenbewegungen mehr stattfinden.

Fig. 7 Steinstreifen im *Pinus longaeva*-Offenwald in den Spring Mountains, Südnevada, 3000 m ü. NN (Foto: GRÜNINGER 2001)
Stone stripes in the *Pinus longaeva* woodland of the Spring Mts., S-Nevada, 3,000 m a.s.l. (Photo: GRÜNINGER 2001)

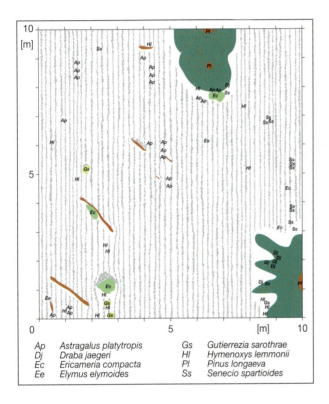

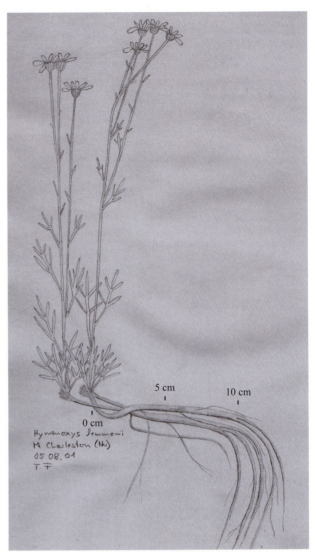

Fig. 9 (oben) *Hymenoxys lemmonii* mit 12 cm horizontal verzogener Wurzel, 3000 m ü. NN, Spring Mountains (Zeichnung: FICKERT 2001)
Hymenoxys lemmonii with horizontally elongated root system (12 cm), 3,000 m a.s.l., Spring Mts. (Drawing: FICKERT 2001)

Fig. 8 (links) Steinstreifen im *Pinus longaeva*-Offenwald in den Spring Mountains, 3000 m ü. NN; Hangneigung 15°, SW
Small-scale stone stripes ground in the *Pinus longaeva* woodland in the Spring Mts., 3,000 m a.s.l.; slope angle 15°, SW

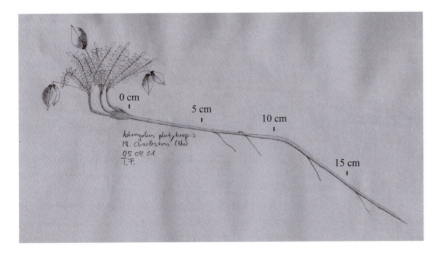

Fig. 10
Astragalus platytropis mit 17 cm horizontal verzogener Wurzel, 3000 m ü. NN, Spring Mountains (Zeichnung: FICKERT 2001)
Astragalus platytropis with horizontally elongated root system (17 cm), 3,000 m a.s.l., Spring Mts. (Drawing: FICKERT 2001)

bis in den Juni. Die größere Höhenlage bewirkt zusätzlich ein schärferes Temperaturregime.

Die Deckungswerte der lichten Kiefernbestände (Pinus longaeva) betragen 20–40 % und sind somit denen des Pinus Juniperus-Offenwaldes recht ähnlich. Die spärliche Strauchschicht dominiert Ericameria compacta, wenige mehrjährige Kräuter und Gräser komplettieren den Unterwuchs des Bestandes. Wie im oben gezeigten Beispiel der Schell Creek Range ist auch hier in überschatteten Bereichen die Frosteinwirkung gering. Mit Ausnahme der endemischen Brassicaceae Draba jaegeri finden sich alle Arten sowohl in beeinflussten wie in unbeeinflussten Bereichen. Die Wurzeln von Hymenoxys lemmonii (Fig. 9) sind bis zu 12 cm und jene von Astragalus platytropis (Fig. 10) bis zu 17 cm in die Länge gezogen. Bei Lebenserwartungen von 3–5 bzw. 5–7 Jahren ergeben sich Bewegungsraten von 3–4 cm/a. Auffällig ist die Konzentration fast aller Individuen am Rand der Feinerdestreifen im Übergang zum Grobmaterial, also bei geringerer Bodenmobilität, die günstigere Bedingungen für eine Etablierung der Pflanzen im jungen Stadium bietet (vgl. ANDERSON & BLISS 1998); im Kernbereich der Feinerdestreifen ist von deutlich höheren Bewegungsraten auszugehen.

2.3. Rezente Makroformen in den White Mountains (Ostkalifornien)

Der einzige Bereich im gesamten Great Basin, an dem zonale Großformen rezenter frostbedingter Morphodynamik auftreten, findet sich in der subnivalen Stufe der White Mountains oberhalb von 4100 m (Fig. 11). Die gesamte Ostflanke des White Mountain Peak (4342 m ü. NN) ist auf felsischen Metavulkaniten von Steinstreifen und Steingirlanden mit bis zu 3 m Streifenabstand gemustert (Fig. 12). Klimadaten liegen für die knapp 400 m tiefer gelegene Station Barcroft (3802 m ü. NN) vor. Figur 3 verdeutlicht, dass nur wenige Wochen im Sommer frostfrei bleiben, während in den Wintermonaten auch die Tagesmaximumtemperaturen nahezu ausschließlich unter 0 °C liegen. Bei einer angenommenen adiabatischen Temperaturabnahme von 0,59 K/100 m (WILKERSON 1994) kann mit bis zu 200 Eistagen pro Jahr für den beschriebenen Standort gerechnet werden. Da zudem die Winterniederschläge in den White Mountains aufgrund ihrer Lage im Regenschatten der unmittelbar westlich gelegenen Sierra Nevada relativ gering sind (vgl. RICHTER & SCHRÖDER 1991), kann sich tiefgründiger Bodenfrost entwickeln bzw. sich ein im Sommer oberflächig aufgetauter Permafrost regenerieren.

Die Vegetationsbedeckung erreicht nur noch Werte von 1,5 %. Perenne Kräuter und Gräser bestimmen in etwa gleichen Anteilen die Vegetation dieses extremen Standorts, wobei Polemonium chartaceum und Poa glauca var. rupicola klar dominieren. Die Vegetation siedelt sich zum Teil im Schutz von größeren Steinen an, scheint aber keineswegs auf diesen Schutz angewiesen zu sein. Ausgegrabene Wurzeln (Polemonium charta-

Fig. 11 Rezente Frostmuster-Makroformen im subnivalen Bereich in den White Mountains, Ostkalifornien, 4200 m ü. NN (Foto: FICKERT 2001)
Active large-scale patterned ground in the subnival zone of the White Mts., E-California, 4,200 m a.s.l. (Photo: FICKERT 2001)

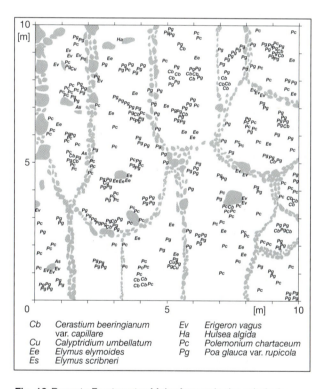

Fig. 12 Rezente Frostmuster-Makroformen in der subnivalen Stufe der White Mountains, 4200 m ü. NN; Hangneigung 5–7°, E
Active large-scale patterned ground in the subnival zone of the White Mts., 4,200 m a.s.l.; slope angle 5–7°, E

ceum in Fig. 13 und Erigeron vagus in Fig. 14) zeigen kaum Deformationen. Dies erklärt sich daraus, dass bei jahreszeitlichen Gefrier-Tau-Zyklen das gesamte Bodenpaket und nicht nur die durchwurzelte Oberfläche bewegt wird. Die Beanspruchung der Pflanze bzw. der Wurzeln ist so deutlich geringer als bei Bewegungen in den oberen Zentimetern des Solums. Wurzeldeformationen können demnach bei Makroformen keine Hinweise auf Bodenbewegungen geben. WILKERSON (1994) ermittelte jedoch mit herkömmlichen Methoden tief grei-

2.4. Fossile Makroformen in den White Mountains (Ostkalifornien)

Neben den zonalen Großformen der White Mountains finden sich in zahlreichen Gebirgen des Great Basin fossile, pleistozän angelegte Frostmuster (Fig. 15) mehrere hundert Meter unterhalb der Bereiche rezenter Makroformen. Der größte Teil dieser Erscheinungen ist heute inaktiv, allerdings können sich an Gunststandorten diese fossil angelegten Formen auch heute noch weiterbilden. Gunst bedeutet in diesem Fall vor allem Windexposi-

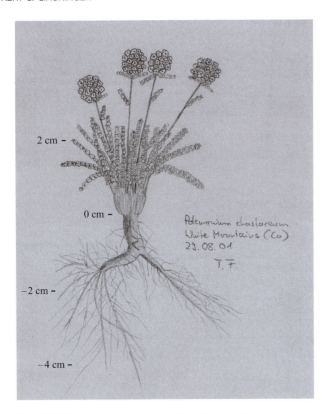

Fig. 13 *Polemonium chartaceum* mit geringer horizontaler Wurzeldeformation, 4 200 m ü. NN, White Mountains (Zeichnung: FICKERT 2001)
Polemonium chartaceum with minor horizontally elongated root system, 4,200 m a.s.l., White Mts. (Drawing: FICKERT 2001)

Fig. 15 Fossil angelegtes Frostmusternetz im alpinen Bereich der White Mountains, 3 900 m ü. NN (Foto: GRÜNINGER 2001)
Fossil sorted circles in the alpine zone of the White Mts., 3,900 m a.s.l. (Photo: GRÜNINGER 2001)

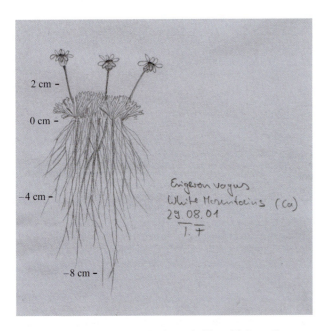

Fig. 14 *Erigeron vagus* ohne horizontale Wurzeldeformation, 4 200 m ü. NN, White Mountains (Zeichnung: FICKERT 2001)
Erigeron vagus without horizontally elongated root system, 4,200 m a.s.l., White Mts. (Drawing: FICKERT 2001)

Fig. 16 Fossile Makroformen in der alpinen Stufe der White Mountains, 3 900 m ü. NN; eben
Fossil macroscale patterned ground in the alpine zone of the White Mts., 3,900 m a.s.l.; leveled

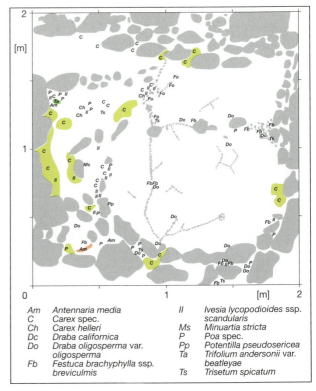

Am	Antennaria media	Il	Ivesia lycopodioides ssp. scandularis
C	Carex spec.		
Ch	Carex helleri	Ms	Minuartia stricta
Dc	Draba californica	P	Poa spec.
Do	Draba oligosperma var. oligosperma	Pp	Potentilla pseudosericea
		Ta	Trifolium andersonii var. beatleyae
Fb	Festuca brachyphylla ssp. breviculmis	Ts	Trisetum spicatum

fende Bewegungsraten von über 30 cm während einer zweijährigen Messkampagne für den in Figur 12 dargestellten Standort.

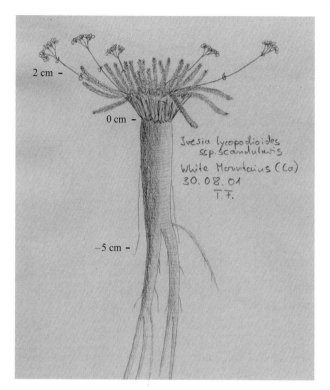

Fig. 17 *Ivesia lycopodioides* ssp. *scandularis* ohne horizontale Wurzeldehnung, 3 900 m ü. NN, White Mountains
(Zeichnung: FICKERT 2001)
Ivesia lycopodioides ssp. *scandularis* without horizontally elongated root system, 3,900 m a. s. l., White Mts.
(Drawing: FICKERT 2001)

tion. Wo die zwar ohnehin nur geringmächtige, aber dennoch isolierende Winterschneedecke durch Wind beseitigt wird, kann Frost tiefgründig in den Boden eindringen und auch unterhalb der subnivalen Stufe Frostmusterprozesse in größerem Maßstab hervorrufen. Zusätzlich fördert Bioturbation durch Zerstörung der Vegetationsdecke die Frosteinwirkung im Boden. Solche azonalen, fossil angelegten, aber rezent noch aktiven Steinringe sind z. B. auch aus dem hochkontinentalen Tienschan bekannt (FICKERT 1997).

Figur 16 zeigt einen 4-m²-Ausschnitt eines ebenen, reliktischen, insgesamt etwa 60 m² messenden Frostmusternetzes in den White Mountains auf 3 900 m ü. NN, wenig oberhalb der Station Barcroft (Fig. 3). Die vegetationsarme Oberfläche ist z. T. durch tageszeitliche Gefrier- und Tauprozesse während des Sommerhalbjahres schwach sekundär gemustert. WILKERSON (1994) berichtet von Hebungsraten der Feinerdekerne an diesem Standort von über 16 cm/a. Diese starke vertikale Mobilität erklärt, warum sich die Pflanzen ebenfalls auf die Randbereiche des Feinerdekerns konzentrieren, wo Bodenbewegungen schwächer ausfallen als im Zentrum. Auch die Wurzeldicken und -längen von *Ivesia lycopodioides* ssp. *scandularis* (Fig. 17) und *Trifolium andersonii* var. *beatleyae* (Fig. 18) sind als Anpassung an die extremen Bedingungen zu verstehen (vgl. KÖRNER 1999). Das Netz ist umgeben von einer mit 30 % Bedeckung

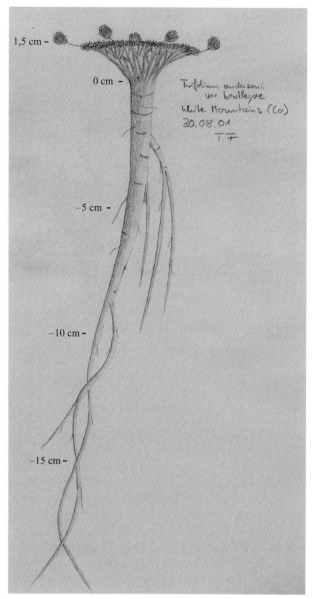

Fig. 18 *Trifolium andersonii* var. *beatleyae* ohne horizontale Wurzeldehnung, 3 900 m ü. NN, White Mountains
(Zeichnung: FICKERT 2001)
Trifolium andersonii var. *beatleaye* without horizontally elongated root system, 3,900 m a. s. l., White Mts. (Drawing: FICKERT 2001)

relativ dichten Vegetationsdecke vor allem aus Graminoiden *(Elymus elymoides, Poa secunda, Trisetum spicatum, Koeleria macrantha, Carex stenophylla)* und Polsterpflanzen *(Eriogonum ovalifolium* var. *nivale, Trifolium andersonii* var. *beatleyae)*. Vergleichsmessungen von WILKERSON (1994) innerhalb der umgebenden Vegetation erbrachten hier nur Hebungsbeträge von maximal 2 cm im selben Zeitraum.

3. Diskussion

Den überwiegenden Teil frostbedingter Oberflächenformen im Great Basin stellen Kleinformen dar. Tageszeit-

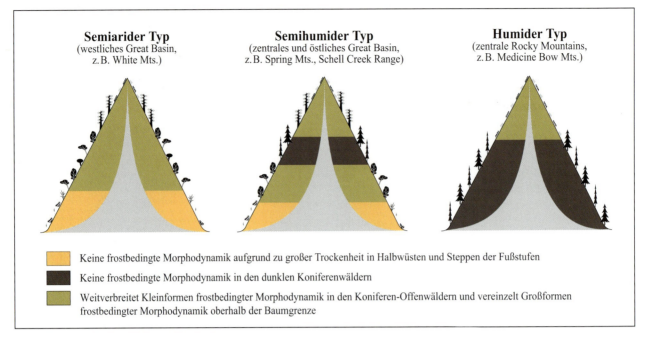

Fig. 19 Schematische Darstellung der Verbreitung frostbedingter Morphodynamik in semiariden, semihumiden und humiden Gebirgen im Westen der USA
Schematic distribution of morphologic features caused by soil frost activity in semiarid, semihumid and humid high mountains of the western U.S.

liche Frostwechsel, die für ihre Entstehung Relevanz haben, sind sowohl im Bereich der montanen wie auch der subalpinen Offenwälder hoch (Fig. 3), zudem fällt der Zeitraum häufiger tageszeitlicher Frostwechsel mit erhöhtem Niederschlag zusammen. Allerdings ist auch in den Alpen die Frostwechselhäufigkeit unterhalb der Waldgrenze höher als oberhalb (FRITZ 1976); dennoch kommt – abgesehen von Einzelvorkommen in Lawinenschneisen oder anderweitig gelichteten Stellen – flächenhafte solifluidale Formung erst oberhalb des geschlossenen Baumwuchses vor. Der ausschlaggebende Grund ist der Deckungsgrad der Koniferen. In hinreichend feuchten Gebirgen, wie in den Alpen oder auch in den zentralen Rocky Mountains, wird ein flächenhaftes Auftreten von Solifluktions- und Kryoturbationsformen durch die bodenstabilisierende Wirkung der Baumwurzeln in dunklen, dichten Koniferenwäldern unterbunden. Die Untergrenze flächenhafter Solifluktion ist hier also nicht klimatisch vorgegeben, sondern eine durch den Baumwuchs hervorgerufene „effektive" Solifluktionsgrenze im Sinne KUHLES (1987). Im Gegensatz dazu vermögen der weitständige Wuchs von *Pinus monophylla* und *Juniperus osteosperma* sowie deren spärlicher Unterwuchs solifluidalen Kräften kaum etwas entgegenzusetzen. Gleiches gilt für die offenen Baumbestände von *Pinus longaeva* und *P. flexilis* in den oberen Waldbereichen.

In den White Mountains erstreckt sich der Bereich aktiver frostbedingter Morphodynamik über fast 2 000 Höhenmeter, zwischen 2 400 m ü. NN bis in den Gipfelbereich des White Mountain Peak, wobei lediglich die höchsten Bereiche von Makrosolifluktion gekennzeichnet sind. Wo sich, wie im östlichen Great Basin oder in den Spring Mountains, dichtere Wälder mit *Abies concolor, Pinus ponderosa* oder *Pseudotsuga menziesii* (je nach Region) zwischen die montanen und subalpinen Offenwälder schieben, ist die Solifluktionsstufe für mehrere hundert Höhenmeter unterbrochen. Letztlich deutet sich damit an, dass die trockenheitsbedingte „Offenheit" der Wälder dafür ausschlaggebend ist, bis in welche Höhenstufen solifluidale Prozesse hinabreichen (Fig. 19). Tatsächlich ergibt sich aus dem Vergleich verschieden arider bzw. humider Gebirgstypen die kurios anmutende Tatsache, dass unter xerischen Verhältnissen Formen der freien bis gehemmten Solifluktion in deutlich niedrigeren Lagen ansetzen als unter feuchten Bedingungen. Eine ähnliche, vegetationsgesteuerte Verbreitung solifluidaler Erscheinungen ist auch aus dem Tienschan bekannt. Dort reicht gebundene Solifluktion auf den natürlicherweise waldfreien Südhängen mehrere hundert Meter tiefer herab als auf den von *Picea schrenkiana* bestandenen Nordhängen (FICKERT 1997).

Die vorgestellten Beobachtungen wollen keineswegs die Diskussion um An- oder Absteigen der Solifluktionsgrenze zu den Trockengebieten hin wieder beleben. Vielmehr soll verdeutlicht werden, welch großen Einfluss die Vegetation auf das Vorhandensein oder Fehlen morphologischer Phänomene eines bestimmten Raumes haben kann. Darüber hinaus hat die Vegetation nicht nur Einfluss auf das Auftreten besagter Formen, sondern bietet über Wurzeldeformationen eine gute Möglichkeit, Bewegungsraten für Kleinformen der Solifluktion abzuschätzen. Da heute auch für perenne Kräuter und Halbsträucher eine exakte Altersbestimmung möglich ist (freundliche mündliche Mitteilung Dr. A. BRÄUNING), könnten in Zukunft ohne großen Zeit- und Materialaufwand Bewegungsbeträge bestimmt werden.

Literatur

ANDERSON, D.G., & L.C. BLISS (1998): Association of Plant Distribution Patterns and Microenvironments on Patterned Ground in a Polar Desert, Devon Island, N.W.T., Canada. Arctic and Alpine Research, **30** (2): 97–107.

FICKERT, T. (1997): Vergleichende Beobachtungen zu Solifluktions- und Frostmustererscheinungen im Westteil Hochasiens. Erlanger Geogr. Arbeiten, **60**.

FRITZ, P. (1976): Gesteinsbedingte Standorts- und Formendifferenzierung rezenter Periglazialerscheinungen in den Ostalpen. Mitt. der Österr. Geogr. Gesellschaft, **118**: 237–272.

HÖLLERMANN, P. (1980): Naturräumliche Höhengrenzen und die Hochgebirgsstufe in den Gebirgen des westlichen Nordamerika. In: JENTSCH, CH., & H. LIEDTKE [Hrsg.]: Höhengrenzen in Hochgebirgen. Saarbrücken: 75–112. = Arbeiten aus dem Geogr. Institut der Univ. d. Saarlandes, **29**.

KELLETAT, D. (1985): Patterned ground by rainstorm erosion on the Colorado Plateau, Utah. Catena, **12**: 255–259.

KÖRNER, CH. (1999): Alpine Plant Life. Berlin, Heidelberg.

KUHLE, M. (1987): Physisch-geographische Merkmale des Hochgebirges: Zur Ökologie von Höhenstufen und Höhengrenzen. In: WERLE, O. [Hrsg.]: Hochgebirge – Ergebnisse neuer Forschungen. Frankfurt a. M.: 15–40. = Frankfurter Beiträge zur Didaktik der Geographie, **10**.

LAMARCHE JR., V.C. (1968): Rates of slope degradation as determined from botanical evidence, White Mountains, California. Geological Survey Professional Paper, 352-I: 341–377.

MITCHELL, R.S., LAMARCHE JR., V.C., & R.M. LLOYD (1966): Alpine vegetation and active frost features of Pellesier Flats, White Mountains, California. American Midland Naturalist, **75** (2): 516–525.

PYRCH, J.B. (1973): The characteristics and genesis of stone stripes in North Central Oregon. M.S. Thesis, Geograph. Dept., Portland, State University.

RAUP, H.M. (1969): The relation of the vascular flora to some factors of site in the Mesters Vig District, North-east Greenland. Meddelelser om Grønland, **175** (6).

RICHTER, M., & R. SCHRÖDER (1991): Klimatologische und vegetationskundliche Höhengradienten im Death Valley National Monument. Erdkunde, **45**: 38–51.

WILKERSON, F.D. (1994): Periglacial patterned ground in the White Mountains of California. Unpublished Master's thesis, Department of Geography, University of California, Davis.

WILKERSON, F.D. (1995): Rates of heave and surface rotation of periglazial frost boils in the White Mountains, California. Physical Geography, **16** (6): 487–502.

Manuskriptannahme: 4. Mai 2002

Dipl.-Geogr. THOMAS FICKERT, Friedrich-Alexander-Universität Erlangen-Nürnberg, Institut für Geographie, Kochstraße 4, 91054 Erlangen
E-Mail: Thomasfickert@hotmail.com

Dipl.-Geogr. FRIEDERIKE GRÜNINGER, Friedrich-Alexander-Universität Erlangen-Nürnberg, Institut für Geographie, Kochstraße 4, 91054 Erlangen
E-Mail: Friederike.Grueninger@t-online.de

Anzeige

MEGACITIES

Die von Erdbeobachtungssatelliten aufgenommenen Großstädte sind in einer bisher nie dagewesenen Qualität zu sehen. Mit einer Datailerkennbarkeit bis zu 1 Meter werden städtebauliche und geographische Strukturen deutlich erkennbar.

Erläuternde Bodenaufnahmen und geographische Texte begleiten die faszinierenden Satellitenbilder.

Zwei einführende Beiträge geben Auskunft über die hochaktuelle Thematik „Megacities als Risikoräume" sowie über den Einsatz von Satellitenaufnahmen für die Stadtplanung und das Stadtmanagement.

In 42 Städtebeschreibungen erörtern Autoren aus fünf Kontinenten die Entwicklungen der Megacities.

Der großformatige Bildband ist in deutscher und englischer Ausgabe erschienen und zum Preis von € 52,– bei GEOSPACE direkt und im Buchhandel erhältlich.

Format 35 × 26 cm, 5-Farbendruck-Hardcover, in Leinen mit Schutzumschlag, 264 Seiten, 75 % Bildanteil, 160 Satellitenbilder und über 200 Luft- und Bodenbilder

www.geospace.co.at; office@geospace.co.at

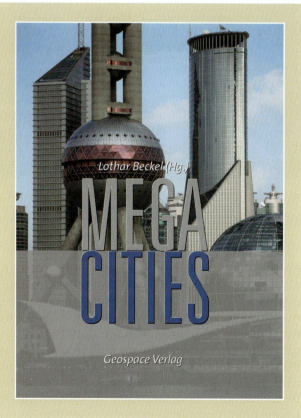

www.mountains2002.org

Internationales Jahr der Berge

Die Generalversammlung der Vereinten Nationen hat das Jahr 2002 zum „Internationalen Jahr der Berge" erklärt. Damit soll dem Fakt Rechnung getragen werden, dass die Berge weltweit eine wichtige Funktion für das Überleben der Menschheit haben. Berge sind fragile Ökosysteme und von globaler Bedeutung – als Wirtschaftsräume, als Wasserreservoirs, als Orte biologischer Vielfalt, als Erholungsräume und als kulturelles Erbe. Die Koordination der Aktivitäten in Zusammenarbeit mit Regierungen, Nichtregierungsorganisationen und anderen Institutionen wurde der Ernährungs- und Landwirtschaftsorganisation der Vereinten Nationen (FAO) anvertraut (Fig. 1). Die internationale Website zum Jahr der Berge wird durch nationale und regionale Informationsportale ergänzt. Am Beispiel von Deutschland (www.berge2002.de), Österreich (.at) und der Schweiz (.ch) werden unterschiedliche nationale Perspektiven, aber auch staatenübergreifende Problemfelder sichtbar. Relevant für die Alpen sind auch die nationalen Seiten für Frankreich (213.41.124.139/datar/) und Italien (www.montagna.org). Auch andere UN-Organisationen wie die UNESCO haben zum Jahr der Berge eigene Websites eingerichtet (http://www.unesco.org/mab/IYM.htm).

www.mtnforum.org

Mountain Forum

Das Mountain Forum ist ein globales Netzwerk, das sich der nachhaltigen Entwicklung in Gebirgsregionen der Erde verschrieben hat. Es bündelt die Aktivitäten der Nichtregierungsorganisationen im Internationalen Jahr der Berge. Das Netzwerk gliedert sich in regionale Untereinheiten, die z. T. eigene Internetangebote unterhalten. Großen Nutzwert bietet die Online-Bibliothek mit bis heute mehr als 2200 Nachweisen und Volltextpublikationen (Fig. 2).

Fig. 1 Offizielle Website der Vereinten Nationen zum „Internationalen Jahr der Berge"

www.mrd-journal.org

Mountain Research and Development

Diese Homepage informiert über die Ziele und Inhalte der gleichnamigen Zeitschrift, die seit 1981 erscheint und auf die Gebirgsräume der Erde fokussiert ist. Für fast alle seit 1995 publizierten Aufsätze liegen Abstracts vor.

www.geographie.uni-stuttgart.de/lehrveranstaltungen/exkursionen/wallis_2001/

www.geographie.uni-stuttgart.de/lehrveranstaltungen/exkursionen/graubuenden/

Exkursionen Wallis und Graubünden

Unter den beiden Adressen finden sich Exkursionsberichte mit zahlreichen aktuellen Informationen zu alpinen Ökosystemen der Westschweiz. Insbesondere die Wallis-Seiten sind mit viel Bildmaterial und weiterführenden Links als „virtuelle Exkursion" konzipiert worden. Dargestellt ist die physisch-geographische Differenzierung der alpinen Hochgebirgslandschaft (Gestein und Relief, Landschaftsgenese und Glazialgeschichte, aktuelle Geomorphodynamik, Höhenstufung). An Beispielen werden die Nutzung des alpinen Raumes durch den Menschen, deren Auswirkungen und mögliche Risiken veranschaulicht.

www.alpinestudies.unibe.ch

Interakademische Kommission Alpenforschung

Die gesamte schweizerische Alpenforschung ist im Webportal der Interakademischen Kommission Alpenforschung in Bern gebündelt. Unter den Rubriken Aktuell, Forschung sowie Kontakte und Informationen findet sich eine Fülle weiterführender Links, Adressen und Informationsangebote.

Online

www.abis.int

Alpenbeobachtungs- und Informationssystem

Das österreichische Bundesministerium für Land- und Forstwirtschaft, Umwelt und Wasserwirtschaft betreibt in Zusammenarbeit mit dem Umweltbundesamt der Alpenrepublik ein WebGIS des Alpenraumes. Auch wenn das Projekt derzeit noch den Status eines Prototyps trägt und nur wenige Informationsschichten enthalten sind, ist der Weg zu einem umfassenden Alpenbeobachtungs- und Informationssystem vorgezeichnet (Fig. 3).

www.deutsch.cipra.org

Internationale Alpenschutzkommission CIPRA

Die 1952 gegründete Vereinigung mit Sitz im Fürstentum Liechtenstein ist eine nichtstaatliche Dachorganisation mit Vertretungen in den Alpenländern, die mehr als 100 Verbände und Organisationen aus allen 7 Alpenstaaten vertritt. Die CIPRA setzt sich für die Erhaltung der regionalen Vielfalt in den Alpen und für die grenzüberschreitende Lösung gemeinsamer Probleme ein.

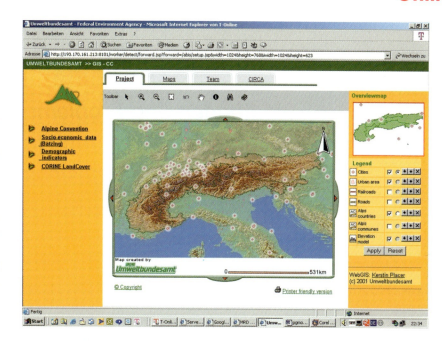

Fig. 3 WebGIS des österreichische Bundesministerium für Land- und Forstwirtschaft, Umwelt und Wasserwirtschaft

Die Ziele bestehen in der Initiierung und Förderung von Maßnahmen zum Schutz von Natur und Landschaft, zur umwelt- und sozialverträglichen Gestaltung von Entwicklungsvorhaben, zur Reduzierung von Umweltbelastungen sowie zur Förderung eines umfassenden Alpenbewusstseins innerhalb und außerhalb der Alpen. Im Mittelpunkt der Website stehen Projekte und Publikationen der CIPRA sowie eine umfangreiche Linksammlung.

http://www.banffcentre.ca/mountainculture

Mountain Culture

Einen im weiteren Wortsinne kulturellen Zugang zu den Gebirgen ermöglicht das Projekt Mountain Culture des in den kanadischen Rocky Mountains gelegenen Banff Centers. Die Website bietet u.a. Fotos und Filmclips, die im Rahmen von Wettbewerben prämiiert wurden.

http://www.promonte-aem.org

Association Européenne des Elus de Montagne (AEM)

Unter dem Dach der Europäischen Union und des Europarates haben sich EU-Parlamentarier sowie Vertreter von Gebietskörperschaften aus europäischen Gebirgsregionen zusammengeschlossen. Ziel der AEM ist die Vertretung der Interessen der Gebirgsbevölkerung im politischen Prozess. Die Website bietet Zugriff auf Dokumente zur Arbeit der Vereinigung sowie zu den Lebensumständen der Bevölkerung in europäischen Gebirgsräumen.

THOMAS OTT (Mannheim)
JOACHIM EBERLE (Stuttgart)

Fig. 2 Globales Netzwerk der Nichtregierungsorganisationen mit Online-Bibliothek

© 2002 Justus Perthes Verlag Gotha GmbH

Methoden und Probleme paläoökologischer Forschung in Gebirgen Hochasiens

ACHIM BRÄUNING

7 Figuren im Text

Methods and Problems of Palaeoecological Research in Mountain Regions of High Asia
Abstract: Palaeoecological studies are facing specific constraints in high mountain areas. Topoclimatic modifications of regional wind fields cause a high spatial variability of moisture distribution which is not reflected in the patchy network of climate stations. This causes difficulties for the calibration of climate-tree growth relationships in dendroclimatological studies. The spatial validity of derived climate reconstructions is often restricted. Seasonally changing winds blow long-distance transported pollen of different regional origins onto the Tibetan plateau which can often not clearly be distinguished from those originating from local pollen sources. Closely related plant taxa with different ecological habitats can often not be differentiated by means of pollen analysis. Many weed species are indigenous in High Asia and can thus not be used as unequivocal indicators for any historic anthropo-zoogenic influence on the environment. Therefore, the interpretation of many pollen profiles in terms of vegetation history is hampered.
Keywords: Palaeoecology, High Asia, high mountain areas, pollen analysis, dendroclimatology, methodology

Zusammenfassung: Paläoökologische Studien sehen sich in Gebirgen mit besonderen Schwierigkeiten konfrontiert. Topoklimatische Modifizierungen regionaler Windfelder sorgen für eine hohe räumliche Variabilität der Feuchteverteilung, die sich im lückenhaften Netz der vorhandenen Klimastationen nicht widerspiegelt. Dies bereitet Schwierigkeiten bei der Kalibration statistischer Klima-Wachstumsbeziehungen bei dendroökologischen Studien und bedeutet somit eine eingeschränkte räumliche Gültigkeit daraus abgeleiteter Klimarekonstruktionen. Jahreszeitlich wechselnde Winde transportieren Pollenfernflug unterschiedlicher Herkunftsgebiete auf das tibetische Hochland, der sich in vielen Fällen nicht klar von lokalen Pollenquellen unterscheiden lässt. Nahe verwandte, aber ökologisch unterschiedliche Pflanzensippen lassen sich pollenanalytisch häufig nicht differenzieren. Zahlreiche Unkrautpflanzen sind in Hochasien indigen und lassen sich daher nicht als eindeutige Indikatoren für historische anthropo-zoogene Umwelteingriffe nutzen. Dadurch wird die vegetationsgeschichtliche Interpretation vieler Pollenprofile erschwert.
Schlüsselwörter: Paläoökologie, Hochasien, Hochgebirge, Pollenanalyse, Dendroklimatologie, Methodologie

1. Die Vergangenheit als Schlüssel für die Zukunft

Die Bearbeitung und Interpretation paläoökologischer Archive stößt auf methodische Schwierigkeiten, die teilweise allgemeiner physikalischer Natur und somit den angewandten Methoden inhärent sind, wie z. B. die Kalibration radiometrischer Altersangaben nach der ^{14}C-Methode. Beim Arbeiten in Gebirgsräumen sind jedoch landschaftliche und regionale Aspekte besonders zu berücksichtigen. Die folgenden Ausführungen beschränken sich auf paläobotanische Fragestellungen, die anhand von Beispielen aus Hochasien diskutiert werden.

Das tibetische Plateau bildet mit einer Fläche von ca. 2,4 Mio. km² und einer durchschnittlichen Höhe von ca. 4500 m. ü. d. M. den Kernraum Hochasiens. Es wird von den höchsten Gebirgsketten der Erde umrahmt, die von tiefen Durchbruchstälern zerschnitten werden, so dass insbesondere in den peripheren Teilen des Hochlandblocks extreme Reliefverhältnisse vorherrschen. Durch seine Lage in subtropischen Breiten empfängt das tibetische Hochland enorme Einstrahlungsmengen und wirkt durch das daraus resultierende Hitzetief als Motor für die Monsunzirkulation in Süd- und Ostasien (FLOHN 1968, MURAKAMI 1987, HAFFNER 1997). Dabei gilt Tibet selbst als sehr sensibler Raum für Klimaänderungen. Die Auswirkungen der tektonischen Hebung des tibetischen Hochlands auf das globale Klima der Vergangenheit und der Zukunft sind Gegenstand zahlreicher Studien und werden z. T. sehr kontrovers diskutiert (z. B. MOLNAR & ENGLAND 1990, PRELL & KUTZBACH 1992, KUTZBACH et al. 1993, KUHLE 1998, LEHMKUHL 1995, FRENZEL & LIU 2001). Die Frage, in welcher Weise sich die Dynamik des asiatischen Monsunsystems im Zuge möglicher Klimaveränderungen wandelt, ist für den Lebens- und Wirtschaftsraum vieler Millionen Menschen, die in der Peripherie des tibetischen Hochlandes leben, von großer Bedeutung. In Modellszenarien, die sich mit möglichen Veränderungen der Vegetationsverhältnisse befassen, wird als Ausgangszustand angenommen, dass sich die heutige Pflanzendecke im Einklang mit den aktuellen Klimabedingungen befindet (JIAN NI 2000). Diese

Hochgebirge

Fig. 1 Auflösung von alpinen Matten aus *Kobresia*-Torf am Pomo Co (5 000 m), Südtibet (Foto: BRÄUNING 1994)
Disintegration of alpine mats formed by *Kobresia*-turf near Pomo Co (5,000 m), southern Tibet (Photo: BRÄUNING 1994)

Voraussetzung muss aber wohl aufgrund der jahrtausendealten Einflussnahme des Menschen in asiatischen Gebirgsräumen stark angezweifelt werden und erfordert eine Überprüfung anhand der Rekonstruktion der Klima-, Besiedlungs- und Vegetationsgeschichte. Die dazu angewandten Methoden können in folgende Kategorien unterteilt werden:

1. Sorgfältige Beobachtung und Erfassung der aktuellen ökologischen Verhältnisse, die die Wahrnehmung offensichtlich im Gange befindlicher oder bereits abgelaufener Umweltveränderungen gestattet. Hierbei spielt die Vegetation neben der Geomorphologie eine herausragende Rolle, da sie flächendeckend vorhanden ist und bereits ein zeitliches Integral der herrschenden Klimaverhältnisse oder anthropo-zoogener Einflüsse über mehrere Jahre bis Jahrhunderte in sich birgt.

2. Messungen von Vitalitätsänderungen an langlebigen Organismen, meist in Form von Zuwachsanalysen an Bäumen (Dendroökologie). Diese Methode erlaubt Rückschlüsse über Klimaänderungen der letzten Jahrhunderte, bei besonders langlebigen Bäumen oder unter Hinzuziehung historischen oder fossilen Materials auch über Jahrtausende.

3. Analyse von Makro- und Mikrofossilien aus geologischen Aufschlüssen oder Profilen. Torfprofile und teilweise auch limnische Sedimente zeichnen sich durch einen hohen Gehalt an organischer Substanz aus. Sie eignen sich daher besonders zur Rekonstruktion der Umweltgeschichte, da sich aus ihnen die einstigen Vegetationsverhältnisse anhand der Pollenführung oder in günstigen Fällen auch anhand von Makrofossilien erschließen lassen.

2. Die Gegenwart als Schlüssel zur Vergangenheit

In siedlungsfernen Erdräumen liegen aufgrund der natürlichen oder politischen Unzugänglichkeit meist nur wenige paläoökologische Untersuchungen vor. Hier stellt die Interpretation der heutigen ökologischen Verhältnisse nach dem Aktualitätsprinzip nach wie vor einen umwelthistorisch relevanten Forschungsansatz dar, auch wenn dabei nicht immer mit aufwendigen und komplizierten analytischen Methoden gearbeitet wird. Gerade in Ökotonen treten räumliche Verschiebungen der Wachstumsbedingungen, die auf zeitliche Veränderungen der ökologischen Verhältnisse schließen lassen, oft besonders klar zutage. Weite Teile Ost- und Zentraltibets werden von alpinen Matten eingenommen, die sich aus Sauergräsern der Gattungen *Carex* und *Kobresia* mit einer Beimengung zahlreicher Kräuter, u. a. Arten der Gattungen *Leontopodium*, *Gentiana*, *Pedicularis* und *Saussurea*, zusammensetzen. Diese Matten gedeihen auf ei-

Fig. 2 Solifluktionszungen, die in die alpine Rasenzone herabwandern; südlich von Yushu, Osttibet, 4700 m (Foto: BRÄUNING 1992)
Solifluction lobes advancing into the alpine grassland belt; south of Yushu, eastern Tibet, 4,700 m (Photo: BRÄUNING 1992)

nem Substrat eines von Kobresia gebildeten Rohhumustorfs über einem Schleier äolischer Sedimente bzw. Fließerden über grobkörnigem Frostschutt (LEHMKUHL 1997). MIEHE (1996) beobachtete an mehreren Stellen im Karakorum, in Südtibet und Zentralnepal eine flächenhafte Zerstörung dieser alpinen Matten (Fig. 1), die zunächst an lokalen Anrissen durch Erosionsrinnen, Yakscheuerstellen oder Nagetierbauten ansetzt und dann durch Winderosion und Kammeisbildung verstärkt wird (Rasenabschälung oder „turf exfoliation" sensu TROLL 1973). Insbesondere die Wirkung starker Föhnwinde im Gebirgsschatten des hohen Himalaya führt zur Ausblasung des schluffigen Substrates, zur Bildung von Hohlkehlen und zum Nachstürzen der darüber liegenden Rohhumussoden. Da sich unter den heutigen Klimabedingungen die Matten bildenden alpinen Arten nicht mehr auf den devastierten Flächen ansiedeln, sondern durch Felsschutt-Pioniervegetation ersetzt werden, schließt MIEHE (1996) auf eine reliktische Natur der Kobresia-Matten, die während einer feuchteren Phase des Holozäns gebildet worden sein sollen. Als Bildungszeit käme sicherlich das wärmere und feuchtere holozäne Klimaoptimum (ca. 9000–6000 BP, s. u.) in Frage.

Ob jedoch zu dieser Zeit die alpinen Matten geschlossen waren und wann gegebenenfalls ihre Auflösung einsetzte, lässt sich aus Beobachtungen des Ist-Zustandes nicht folgern. ^{14}C-Datierungen der Rasensoden brachten bisher keine verlässlichen Hinweise auf das Alter dieser Bildungen, da vermutlich jüngere organische Substanz aus oberflächennahen Schichten mit älterem Humus vermischt ist. Hier könnten eventuell pflanzliche Makroreste (Kobresia-Nüsschen) aus tieferen Bodenschichten bessere Ergebnisse liefern (SCHLÜTZ 1999). In Zentralnepal konnte der Torf unter einem Kobresia-Polster aus 5100 m Höhe auf 3650 ± 170 BP datiert werden (BEUG & MIEHE 1999). Es ist aber zu vermuten, dass die Kobresia-Matten Tibets ein deutlich höheres Alter aufweisen, da Cyperaceen-Pollen bereits seit dem frühen Holozän in den tibetischen Pollenprofilen mit ähnlichen Mengenanteilen wie heute vertreten sind.

An vielen Stellen Tibets lassen sich periglaziale Phänomene in Form von Steinstreifen beobachten, die die tiefer liegende alpine Mattenstufe überschütten (Fig. 2). Sie werden als Herabrücken der Stufe der ungebundenen Solifluktion infolge einer Abkühlungsphase in den 1970er Jahren gedeutet (MIEHE 1988, 1996), die sich in Klimadaten fassen lässt (BÖHNER 1996). In Anbetracht der bereits heutigen spärlichen Verjüngung der Kobresia-Matten stellt sich jedoch die Frage, ob zwischen dem Ende des kälteren Zeitabschnittes der sog. „Kleinen Eiszeit", die sich in Tibet durch Gletschervorstöße bis ins späte 19. Jh. hinein bemerkbar machte (BRÄUNING & LEHMKUHL 1996), und der Warmphase während der ersten Hälfte des 20. Jh. genügend Zeit bestand, um eine gleichermaßen erforderliche Ausbreitung der alpinen Matten nach oben zu ermöglichen. Möglicherweise fand einer Anhebung der Mattenobergrenze bereits während einer Warmphase im 13. Jh. (HELLE et al. 2002) statt, während die nachträgliche Wiederabsenkung der Solifluktionsgrenze in die Kleine Eiszeit datiert. ^{14}C-Alter aufgegrabener Solifluktionsloben in Osttibet deuten auf eine Initiierung der Solifluktionsprozesse vor 525 ± 85 Jahren hin (LEHMKUHL 1995), reichen aber zu einer sicheren Datierung der beobachteten Prozesse noch nicht aus.

3. Rekonstruktion der Vegetationsgeschichte

3.1. Oberflächenpollen als Äquivalente der aktuellen Vegetation

Die Sporomorphen (Pollenkörner und Sporen), die in einem Sediment zur Ablagerung gelangen, werden in Abhängigkeit von der Entfernung der Herkunftsregion zum Ablagerungsort in eine Lokal-, eine Regional- und eine Fernflugkomponente differenziert (LANG 1994). Hierbei spielen das Flugvermögen der Pollentypen und die Pollenproduktion der verschiedenen Pflanzensippen eine entscheidende Rolle. Pollenkörner exotischer Florenelemente treten in allen bekannten Pollenspektren Hochasiens auf. Da die quantitative Einschätzung der Fernflugkomponente für die paläoökologische Interpretation eines Pollenprofiles von großer Bedeutung ist, sollte überprüft werden, inwieweit die gegenwärtigen Vegetationsverhältnisse mit dem aktuellen Pollenniederschlag übereinstimmen. Meist werden hierzu die Pollenvorkommen in Moospolstern oder organischen Oberbodenhorizonten analysiert (YONEBASHI et al. 1993; SCHLÜTZ 1999). Seltener werden Pollenfallen benutzt, die den Blütenstaub aus der Atmosphäre filtern (JARVIS 1993, VAN CAMPO et al. 1996, COUR et al. 1999). In Wüsten, wo die Pollenkonzentration auf der Erdoberfläche wegen der geringen Pollenproduktion niedrig ist, können Pollenfilter an Kraftfahrzeugen angebracht werden, die Pollenkörner aus dem aufgewirbelten Staub einer definierten gefahrenen Wegstrecke (z. B. 10 km) sammeln (COUR et al. 1999). Zur Interpretation subaquatischer Pollenprofile erscheinen Oberflächenproben von Seesedimenten, die den Pollenniederschlag einer größeren Umgebung integrieren, am besten geeignet (JARVIS & CLAY-POOLE 1992).

Der Anteil an Fernflugpollen nimmt systematisch zu, je geringer die Vegetationsbedeckung und damit die eigene Pollenproduktion eines Gebietes ist. Bei manchen pollenanalytischen Studien werden leider die ausgezählten Grundsummen der Sporomorphen pro Probe nicht mitgeteilt (FRENZEL 1994), was die Zuverlässigkeit der Interpretation bei einer niedrigen Zahl ausgezählter Pollenkörner je Probenhorizont doch stark einschränkt (FRENZEL 2002). In Oberflächenproben aus dem Nianbaoyeze Shan in Osttibet nahm der Anteil an Gehölzpollen an der am höchsten gelegenen Probenstelle (4300 m) mit 35 % den höchsten Wert ein (SCHLÜTZ 1999). An anderen Stellen in Tibet wurden in 200 km Entfernung und 1 000 m über den nächstgelegenen Kiefernwäldern noch Anteile von 24–34 % Kiefernpollen ermittelt (LI & YAO 1990), und in 400 km Entfernung rezenter Kiefernwälder fand BHATTACHARYYA (1989) im Westhimalaya noch 5 % Kiefernpollen. Durch die Gebirgstopographie hervorgerufene Aufwinde sorgen für einen Transport von *Tamarix*-Pollen aus der Taklimakan auf die Gipfel des westlichen Kunlun (COUR et al. 1999). In der dortigen Hochgebirgswüste finden sich in Oberflächenproben bis über 7 % Cupressaceen-Pollen, die vermutlich aus den mehrere hundert km entfernten *Juniperus*-Wäldern der Karakorumtäler stammen (COUR et al. 1999).

Dabei lässt sich ein saisonaler Wechsel in der Dominanz der unterschiedlichen Sippen in den Pollenfallen nachzeichnen, der durch die temperaturgesteuerten phänologischen Blühphasen bedingt ist (Fig. 3): Während die Gehölze (überwiegend Cupressaceen) ihre Blühphase im Frühling haben, blühen die Chenopodiaceen der Wüsten im Sommer, die Artemisien der Steppe dagegen vornehmlich im Herbst. Im monsunal beeinflussten Hochasien mit jahreszeitlich stark wechselnden dominierenden Windrichtungen ist daher zu berücksichtigen, dass Pollenfernflug aus Regionen, die zur

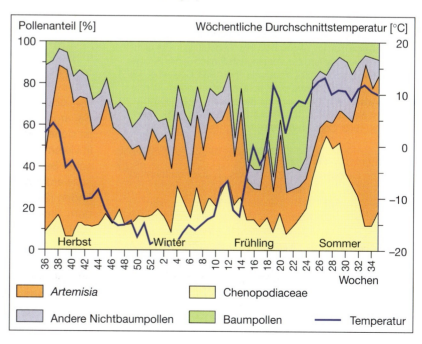

Fig. 3 Saisonale Schwankungen im Gehalt von Oberflächenpollen, in einem künstlichen Pollendiagramm dargestellt (Quelle: nach COUR et al. 1999, verändert)
Seasonal fluctuation in the content of surface pollen shown in an artificial pollen diagram (Source: after COUR et al. 1999, changed)

betreffenden Blühphase im Lee eines Sedimentationsraumes liegen, schwächer repräsentiert sein können als solche, die sich im Luv befinden. In den tief eingeschnittenen Tälern des Himalaya bewirken die in Richtung tibetisches Hochland wehenden Monsunwinde zusammen mit starken lokalen Talwinden die Verfrachtung von Pollentypen aus tieferen Vegetationsstufen bis in die alpine Zone (BEUG & MIEHE 1999).

Während Gehölztaxa in den Pollenspektren aus Steppen und Wüsten leicht als Fernflug identifiziert werden können, ist eine entsprechende Abschätzung in bewaldeten Gebieten oft schwer zu treffen. Ein zunehmender Baumpollenanteil in einem heute von Grasvegetation umgebenen Moor kann auf vorübergehende Existenz von Gehölzen an den Beckenrändern zurückgehen, bei deren lokaler Abwesenheit aber auf räumliches Näherrücken des Waldes oder auf Phasen erhöhter Windgeschwindigkeiten mit höherem Anteil an Fremdpollen beruhen (FRENZEL 1994). Nicht immer müssen Schwankungen im Pollengehalt also ausschließlich auf realen Änderungen der lokalen Vegetationsverhältnisse beruhen, was gelegentlich zu wenig berücksichtigt wird (z. B. bei WANG & FAN 1987). Entsprechend kann ein abnehmender Baumpollenanteil auf die Abschwächung Pollen führender Winde, eine zunehmende Entfernung der Pollen liefernden Gehölze oder bei deren lokalem Vorhandensein auf eine Verringerung des Gehölzanteils zurückzuführen sein, wobei im letztgenannten Fall nicht klar ist, ob dieser Rückgang klimatisch bedingt oder durch anthropogene Umweltveränderungen hervorgerufen wurde (s. u.).

Auch unterschiedliche Pollenproduktionsraten der einzelnen Pflanzensippen können die Interpretation von Pollenprofilen erschweren. Ein Vergleich von Oberflächenpollenspektren mit den Stammflächenanteilen der betreffenden Gehölztaxa in der aktuellen Vegetation entlang eines Höhengradienten in Ostnepal ergab, dass windblühende Baumarten wie *Alnus nepalensis*, *Pinus roxburghii* und sklerophylle Eichenarten in Waldtypen, die von insektenbestäubten (entemophilen) Arten dominiert werden, stark überrepräsentiert sind (YONEBASHI et al. 1993). Demgegenüber sind manche Arten von hohem klimaökologischen Indikatorwert, wie z. B. Ericaceen (*Rhododendron* spp.), Lauraceen (*Litsea elongata*) sowie *Acer campbellii* und *Abies spectabilis*, stark unterrepräsentiert (Fig. 4). Auch in subtropischen Waldtypen Südwestchinas sind *Abies* und *Rhododendron* unterrepräsentiert, und selbst in den weit verbreiteten subalpinen Tannen-Rhododendron-Wäldern wird das Oberflächenpollenspektrum von Kiefern-, Eichen- und Erlenpollen dominiert (JARVIS & CLAY-POOLE 1992). In Figur 5 (rechte Spalte) wird an einem Pollenprofil aus Südosttibet deutlich, dass mit Ausnahme der untersten Diagrammabschnitte (Spätglazial) ein fast konstant hoher Anteil an Kiefernpollen während des gesamten Holozäns vertreten ist, obwohl sich die dominanten Waldtypen stark verändert hatten (JARVIS 1993, s. u.). Immergrüne Eichenarten spielen von der submontanen bis in die subalpine Stufe Südwestchinas eine bedeutende Rolle in der Vegetation, wobei einzelne Arten eine sehr breite Höhenerstreckung aufweisen. In den unteren Höhenstufen kommen *Quercus gilliana* (1500–3100 m), *Q. senescens* (1900–3300 m) und *Q. rehderiana* (1500 bis 4000 m) vor, in höheren Lagen tritt *Q. semecarpifolia* (2600–4000 m) hinzu, wobei die Pollenkörner dieser Arten mikroskopisch nicht unterschieden werden können und als *Quercus* cf. *Scherophylldrys* zusammengefasst werden (JAVIS & CLAY-POOLE 1992). Da Eichenpollen dieses Typs daher in allen Höhenstufen reichlich vorkommen, werden die Rekonstruktion der betreffenden Waldtypen und die Rekonstruktion von historischen Schwankungen ihrer Höhengrenzen oder ihrer horizontalen Verbreitung stark erschwert.

3.2. Methodische Schwierigkeiten bei der Interpretation von Pollenanalysen

Ombrogene Hochmoore, deren Torfe überwiegend aus abgestorbenen Torfmoospolstern (*Sphagnum*) gebildet wurden, fehlen in Hochasien. Hier kommen topogene und soligene Moore in Quellmulden, Staulagen, Senken oder Becken vor, deren Torfe überwiegend von Sauergräsern (*Carex*, *Kobresia*) aufgebaut wurden. Es ist daher mit Überflutungsereignissen zu rechnen, die in vielen Torfprofilen durch Lagen feinkörniger mineralischer Sedimente dokumentiert sind. Dabei können Einschwemmungen umgelagerter älterer Pollenkörner stattfinden (SCHLÜTZ 1999). Die meisten Moore werden zudem beweidet, so dass auch Störungen der Pollenschichtung durch Viehtritt nicht auszuschließen sind. In Figur 5 sind drei Pollenprofile aus den marginalen Bereichen des tibetischen Hochlandes auszugsweise zusammengestellt. Üblicherweise werden Pollendiagramme entlang einer linearen Achse der Profiltiefe dargestellt, physikalische Altersdatierungen werden randlich angegeben. Um den zeitlichen Ablauf der Vegetationsverän-

Fig. 4 Repräsentation verschiedener Pflanzensippen in Oberflächen-Pollenproben im Vergleich zu ihrer Bedeutung in der aktuellen Vegetation (Quellen: zusammengestellt nach Jarvis & CLAY-POOLE 1992, SCHLÜTZ 1999, YONEBASHI et al. 1993, COUR et al. 1999)
Representation of different plant taxa in surface pollen samples in comparison with their weight in the present vegetation (Sources: after JARVIS & CLAY-POOLE 1992, SCHLÜTZ 1999, YONEBASHI et al. 1993, COUR et al. 1999)

Repräsentation der Sippe		
unterrepräsentiert	ungefähr richtig repräsentiert	überrepräsentiert

Abies
Larix
Rhododendron
Acer
Lithocarpus
Castanopsis
Lauraceae
Fabaceae
	Betula
	Quercus sec.
	   lepidobalanus
	Tsuga
		Pinus
		Alnus
		Quercus cf.
		   Sclerophylldrys
		(Ulmus)
		Artemisia

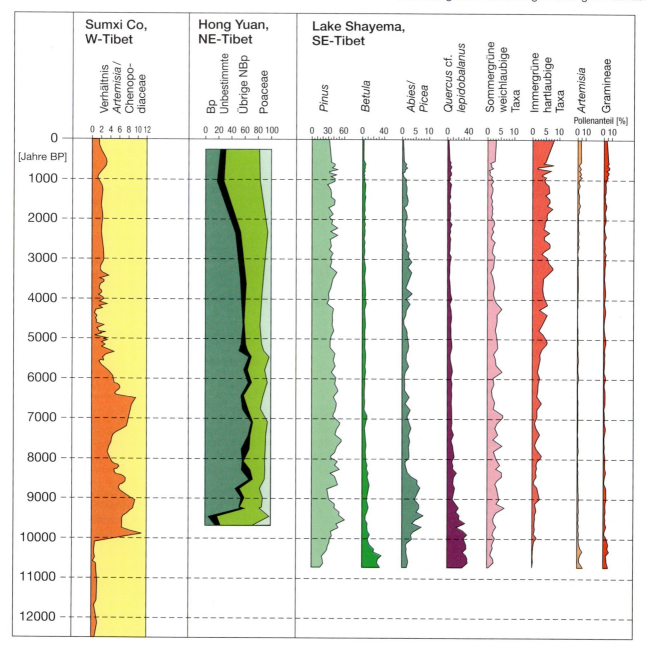

Fig. 5 Tiefenfunktionen ausgewählter Pflanzensippen in Pollenprofilen aus West-, Nordost- und Südosttibet (zusammengestellt nach van Campo & Gasse 1993, Frenzel 1994, Jarvis 1993; verändert). Bp: Baumpollen, NBp: Nichtbaumpollen, Indet.: Indeterminata (Unbestimmte). Die Vertrauensintervalle, die bei ^{14}C-Altern von ca. 10000 Jahren rund 400 Jahre betragen, werden in der Zeichnung nicht berücksichtigt.
Depth function of selected plant groups in pollen profiles from western, northeastern and southeastern Tibet (after van Campo & Gasse 1993, Frenzel 1994, Jarvis 1993; changed). Bp: arboreal pollen, NBp: non-arboreal pollen. Confidence intervals ranging around 400 years for ^{14}C-ages of around 10,000 years are not included.

derungen in verschiedenen Teilräumen Tibets besser vergleichen zu können, wurden die Originaldiagramme so umgezeichnet, dass die Ordinate linear die Zeitachse bildet. Profilabschnitte zwischen zwei ^{14}C-Datumsangaben wurden linear interpoliert, wodurch es zu Maßstabsverzerrungen kommt, die aber bei der hier vorgenommen Diskussion unberücksichtigt bleiben.

Pollentypen erlauben im Allgemeinen keine artgenaue Bestimmung der Pollen liefernden Taxa. Meist können sie allenfalls einer Gattung, oft aber nur einer Familie oder einer systematisch noch höheren pflanzensystematischen Einheit (z. B. Farnsporen) zugeordnet werden. Innerhalb eines Pollentyps können jedoch ökologisch völlig unterschiedliche Sippen zusammengefasst sein, so dass mögliche Veränderungen in der Vegetation pollenanalytisch unter Umständen nicht richtig erfasst werden. In Hochasien treten diese Probleme gerade in den ökologisch sensiblen Ökotonen von alpiner Steppe zur Halbwüste auf. Gramineen und Cyperaceen kommen in Westtibet sowohl in Steppen als auch auf grundwasserbeeinflussten Standorten vor, Chenopodiaceen können aus alpinen Wüsten *(Ceratoides la-*

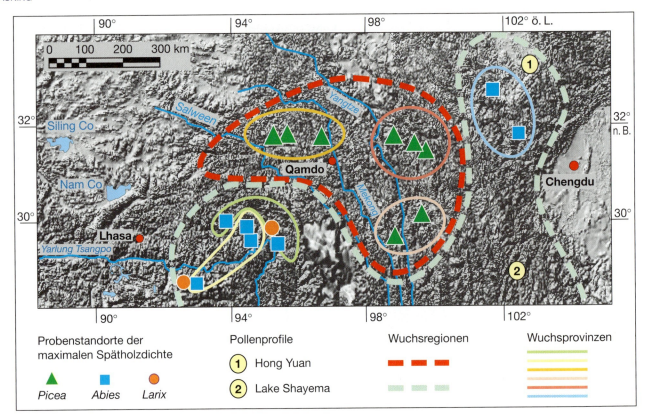

Fig. 6 Dendroökologische Wuchsprovinzen und -regionen in Osttibet und Lage der im Text erwähnten Pollendiagramme
Dendroecological growth provinces and growth regions in eastern Tibet and location of pollen diagrams mentioned in the text

tens) oder von halophytischen Arten der Seeufer stammen (VAN CAMPO et al. 1996). Das Verhältnis der Pollenkörner von *Artemisia* zu Chenopodiaceen (A/C) in Westtibet wird jedoch als Indikator für die Feuchtigkeitsverhältnisse interpretiert (GASSE et al. 1991, VAN CAMPO & GASSE 1993, VAN CAMPO et al. 1996), da *Artemisia*-Arten überwiegend in Steppen, Chenopodiaceen dagegen vorwiegend in Wüsten vorkommen. Allerdings konnte gezeigt werden, dass der rezente Pollenniederschlag von Chenopodiaceen negativ mit der Höhe korreliert ist, der von *Artemisia* dagegen positiv, sich also das A/C-Verhältnis mit der Höhe zugunsten von *Artemisia* verschiebt. A/C-Verhältnisse aus der Salzwüste der Taklimakan, der montanen Wüste und der montanen Steppe des Karakorum betragen bei starken lokalen Schwankungen in Abhängigkeit von den topographischen Verhältnissen <1, 1–2 und >2 (COUR et al. 1999). Die linke Spalte von Figur 5 gibt das A/C-Verhältnis am Sumxi Co (Co, Tso: tibetisch für See) Westtibets wieder (nach GASSE et al. 1991). Um 10 000 BP wird eine sprunghafte Zunahme von *Artemisia* deutlich, die als Ausbreitung der alpinen Steppen in der spätglazialen Kältewüste infolge des Wiedereinsetzens des monsunalen Niederschlagsregimes nach den trockenkalten Klimabedingungen des Hochglazials gedeutet wird. Das Ende der anschließenden warmfeuchten Phase des holozänen Klimaoptimums zeichnet sich gegen 6 500 BP als Wiederausbreitung der Wüstenvegetation gegen die Steppe ab.

Figur 5 gibt das Verhältnis von Baumpollen (Bp) zu Nichtbaumpollen (NBp) in einem Pollenprofil aus Hong Yuan im Zoige-Becken (Nordosttibet, s. Fig. 6) wieder. Um ungefähr 9 500 BP setzt in Nordosttibet die Wiederbewaldung der hoch- und spätglazialen Gebirgswüsten ein, die sich in einem Anstieg des Birkenpollens, dann des Fichtenpollens dokumentiert (in Fig. 5, mittlere Spalte, zusammengefasst), woraus sich eine Einwanderungsfolge der entsprechenden Baumarten ableiten lässt (FRENZEL 1994). Seit ca. 6 000 BP ist ein Rückgang des Baumpollens zu verzeichnen, der auch in anderen Pollenprofilen osttibetischer Gebirge nachgewiesen wurde (SCHLÜTZ 1999). Ein weiterer, drastischer Rückgang der Baumpollenanteile setzt zwischen 2 500 und 2 100 BP ein (THELAUS 1992, FRENZEL 1994). Im Nianbaoyeze Shan beginnt diese Phase um 2 700 BP (SCHLÜTZ 1999) und fällt zeitlich mit einer Phase bekannter Gletschervorstöße zusammen. Bezüglich des ersten der genannten Zeiträume herrscht weitgehend Übereinstimmung darüber, dass klimatische Ursachen als Auslöser für den Rückgang der Bewaldung verantwortlich waren. Wahrscheinlich neigt sich in dieser Zeit das holozäne Klimaoptimum in Tibet allmählich seinem Ende zu (LI TIANCHI 1988).

Über den Bewaldungsrückgang vor ca. 2 500 BP bestehen jedoch unterschiedliche Auffassungen. In Anbetracht der viel älteren bekannten Besiedlung Tibets (FRENZEL et al. 2001) nehmen FRENZEL (1994, 1998, 2002) und THELAUS (1992) an, dass sich die Rodungstätigkeit früher Nomadenkulturen und die zunehmende anthropo-zoogene Beeinflussung der Vegetation bereits bemerkbar machen. Während SCHLÜTZ (1999) für den Karakorum einen menschlichen Einfluss auf die Vegetation seit etwa 2 500 BP bestätigt, lässt sich dieser nach seiner Ansicht in Osttibet erst seit ca. 800 BP fassen, so dass der Rückgang des Waldanteiles um 2 500 BP klimatisch interpretiert wird (s. auch SUN & CHEN 1991). Die Schwierigkeit bei der Abschätzung des anthropozoogenen Einflusses liegt darin begründet, dass die meisten der als Störungszeiger interpretierbaren Arten insektenbestäubt und zudem meist in Hochasien indigen sind (SCHLÜTZ 1999, FRENZEL 2002). Das betrifft auch Getreidepollen und Buchweizen (Fagopyrum), da in Hochasien wild wachsende Sippen derselben Pollentypen vorkommen (BEUG & MIEHE 1999). Schwankungen ihrer quantitativen Bedeutung lassen sich also kaum als eindeutigen Hinweis für das Auftreten einer Klimaschwankung oder eines verstärkten menschlichen Einflusses verwenden (SCHLÜTZ 1999) – ganz anders in Mitteleuropa, wo die meisten synanthropen Arten erst im Zuge der menschlichen Besiedlung eingewandert sind und daher leicht als Störungszeiger identifiziert werden können. Ausnahmen bilden pyrophytische Arten (Pteridium, Meconopsis) und Nitrophyten (Chenopodiaceen, Rumex nepalensis, Artemisia), die als Anzeiger der jungen Besiedlung des nepalesischen Langtang-Tales verwendet werden konnten (BEUG & MIEHE 1999).

In Südosttibet zeichnet sich um 10 000 BP ein Wechsel von trocken- und kältetoleranten Eichen- und Birkenwäldern mit einem hohen Anteil an Gräsern und Kräutern zu Tannen-Zedern-Wäldern und sommergrünen Laubmischwäldern ab (Fig. 5, rechte Spalte). Um 9 100 BP wandern immergrüne Eichen ein und nehmen fortan an Bedeutung weiter zu. Obwohl pollenanalytisch colline nicht von montanen hartlaubigen Eichenarten unterschieden werden können, wird dieser Prozess doch als Folge zunehmender Temperaturen gedeutet (JARVIS 1993). Ab 5 300 BP beginnen die trockenresistenten hartlaubigen Arten die feuchtigkeitsbedürftigeren sommergrünen Gehölze zu verdrängen, gegen 4 000 BP ist dieser Prozess abgeschlossen. Dieser Vegetationswandel kann als Abschwächung des feuchtigkeitsbringenden Sommermonsuns mit einer Betonung der frühmonsunalen Trockenperiode gedeutet werden. Erst seit etwa 1 000 Jahren macht sich der Einfluss der einwandernden Yi-Bevölkerung in Form eines Anstiegs von Gräser- und Beifußpollen und anderen Kulturfolgern (nicht abgebildet) bemerkbar.

Trotz Schwierigkeiten bei der präzisen zeitlichen Zuordnung einzelner Teilprozesse deuten sich generelle Übereinstimmungen des Vegetationswandels in den Randbereichen des tibetischen Hochlandes an: Nach dem Wiedereinsetzen des Sommermonsuns und der damit verbundenen Feuchtigkeitszunahme dehnen sich die westtibetischen Gebirgssteppen rasch aus, wobei die entscheidenden Florenelemente bereits vor Ort gewesen waren, was gegen eine geschlossene Vereisung des Hochplateaus spricht. Parallel dazu nehmen feuchtigkeitsbedürftige Taxa in Südosttibet zu, in Nordosttibet beginnt (mit zeitlicher Verzögerung?) die Wiedereinwanderung der Gebirgsnadelwälder aus den tiefer gelegenen Glazialrefugien. Nach etwa 6 000 BP macht sich ein Rückgang der Feuchtigkeit in Westtibet bemerkbar. In Nordosttibet geht der Waldanteil etwas zurück, während in Südosttibet eine Verdrängung hygrophiler sommergrüner durch trockenresistentere immergrüne Wälder stattfindet. Am schwierigsten sind der Beginn und das Ausmaß des menschlichen Einflusses zu bestimmen, der sich in verschiedenen Vegetationstypen und in Abhängigkeit von der Wirtschaftsweise unterschiedlich äußert und in den verschiedenen Landschaftsteilen auch nicht unbedingt zeitgleich stattgefunden haben muss.

4. Jahrringökologische Untersuchungen

Dendroökologische Studien haben in vielen Gebirgen der gemäßigten und subtropischen Klimazonen zeitlich präzise und hochauflösende Befunde zur Klimageschichte geliefert. Im tropischen Tageszeitenklima gibt es zwar viel versprechende Ansätze für den Aufbau von Jahrringchronologien, jedoch stehen bislang keine langen Jahrringserien aus innertropischen Gebirgen zur Verfügung. Eine große Stärke der Dendroökologie besteht in der sicheren Datierung der im Jahrringmuster dokumentierten Umweltereignisse. Pro Standort werden dabei mehrere (mindestens 10–12) Bäume untersucht, deren zeitliches Wachstumsmuster anhand optischer und statistischer Verfahren (sog. „crossdating") synchronisiert wird. In der Dendroklimatologie wird häufig nicht mit Einzelstandorten, sondern mit Probennetzwerken gearbeitet (z. B. BRIFFA et al. 1996, SCHWEINGRUBER et al. 1993, 1996; ESPER 2000, BRÄUNING 1999), so dass Datierungsfehler, die in Extremjahren durch einzelne ausgefallene Jahrringe verursacht werden können, durch den Quervergleich mit benachbarten Chronologien aufgedeckt und korrigiert werden können. Meist finden Nadelbaumarten Verwendung, da sie in der Regel die alpine Waldgrenze bilden. Es können verschiedene Holzparameter zur Verwendung kommen:

- die Jahrringbreite, die den Holzzuwachs beschreibt, der während einer Vegetationsperiode gebildet wird;
- die maximale Spätholzdichte, die ein Maß für die Zellwanddicke im Spätholzanteil eines Jahrringes darstellt;
- holzchemische Eigenschaften, insbesondere das Verhältnis stabiler Isotope des Kohlenstoffes ($\delta^{13}C$) und des Sauerstoffes ($\delta^{18}O$);
- besondere holzanatomische Merkmale, die in Jahren mit extremen Umweltereignissen gebildet werden und diskontinuierlich auftreten.

Dabei wird im Grundsatz so verfahren, dass mittels univariater oder multivariater Regressionen (sog. „response functions"; FRITTS 1976) statistische Beziehungen zwischen Jahrringchronologien und Klimadaten ermittelt werden. Diese Klima-Wachstumsbeziehungen werden nach dem Aktualitätsprinzip auf die Vergangenheit übertragen, wobei ein Teil der verfügbaren Klimadaten zur

Verifikation der berechneten Klimarekonstruktion zurückgehalten wird. Die Länge der Klimamessreihen, die zur Kalibration der Klima-Wachstumsbeziehungen benötigt werden, ist für weite Bereiche Hochasiens aber auf wenige Jahrzehnte beschränkt (DOMRÖS & PENG 1988, BÖHNER 1996). Die Klimastationen liegen zudem in Tälern und sind – zumindest was die Feuchtigkeitsverhältnisse betrifft – meist nicht repräsentativ für die klimatischen Verhältnisse in der feuchteren subalpinen Höhenstufe, in der häufig die Holzproben zum Zweck der Klimarekonstruktion gesammelt werden. Geländeklimatologische Phänomene, wie der bekannte „TROLL-Effekt", der die stärkere Befeuchtung der Hänge im Vergleich zu Talmitte beschreibt, sind zwar anhand des Verlaufs des Kondensationsniveaus häufig beobachtet worden, jedoch liegen darüber keine Langzeitmessungen vor. Klimastationsnetze entlang von Höhengradienten und geländeklimatologische Studien wurden bislang lediglich im Karakorum betrieben (CRAMER 2000).

Bei einem Vergleich der Klima-Wachstumsbeziehungen von Baumstandorten konnten in vielen Gebirgen klare Unterschiede in Abhängikeit von Exposition und Höhenlage aufgezeigt werden (LAMARCHE 1974, KIENAST et al. 1987, BRÄUNING 1999). Die unterschiedliche Sensitivität der Hochlagen- und Tieflagenstandorte kann daher zur Rekonstruktion unterschiedlicher saisonaler Klimaelemente genutzt werden. Die Artzugehörigkeit spielt dabei eine untergeordnete Rolle: Chronologien verschiedener Baumarten sind unter vergleichbaren Klimaverhältnissen einander ähnlicher als Chronologien derselben Baumart aus unterschiedlichen Klimaprovinzen bzw. Höhenstufen. Die geringe Länge der Klimazeitreihen, die ja die relativ warme Klimaphase der zweiten Hälfte des 20. Jh. repräsentieren, kann allerdings dazu führen, dass Klimarekonstruktionen für die letzten Jahrhunderte während der letzten Jahrzehnte teilweise stark von den gemessenen Werten abweichen, insbesondere was niederfrequente Anteile der Klimavariabilität betrifft (BRIFFA 2000).

Bei der Ermittlung statistischer Beziehungen zwischen Holzparametern und Klimaelementen wird impliziert, dass der durchschnittliche Einfluss jedes Klimaelementes auf das Wachstum über die gesamte Kalibrationsperiode hinweg konstant bleibt und diese Beziehungen auch im Falle einer eintretenden Klimaänderung erhalten bleiben. Die zweite Annahme ist zumindest qualitativ an Waldgrenzstandorten am ehesten gegeben, denn ein temperaturlimitierter subalpiner Standort wird nicht zum dürregefährdeten Steppenwald, wenn sich die Sommertemperatur im Laufe einiger Jahrzehnte um etwa 0,5 °C erhöht. Auch an Trockenstandorten bleibt die fördernde Eigenschaft höherer Niederschläge selbst bei etwas feuchter werdendem Klima bestehen. Die quantitativen Beziehungen zwischen Klimaelement und Wachstum sind dagegen durchaus veränderlich und sind sogar innerhalb einer Klimaperiode inkonstant.

Dies wird deutlich, wenn aus der kontinuierlichen Zeitreihe einer Jahrringchronologie Extremjahre extrahiert werden. Die Ausweisung solcher Jahre kann auf einem Vorzeichentest beruhen, d. h., ein bestimmter Anteil aller Bäume eines Bestandes (in der Literatur gibt es hierfür verschiedene Schwellenwerte, es werden jedoch mindestens 75 % gefordert) muss dieselbe Wuchstendenz im Verhältnis zum Vorjahr aufweisen. Ebenso können absolute Abweichungen der Jahrringindizes ausgefiltert werden, auch hierfür werden verschiedene rechnerische Verfahren vorgeschlagen (SCHWEINGRUBER et al. 1990a, RIEMER 1994,

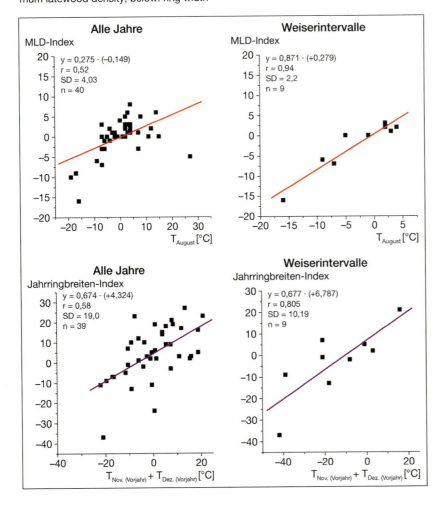

Fig. 7 Vergleich der Korrelation von Klimadaten zwischen allen Jahren einer Fichtenchronologie aus Qamdo (Osttibet, s. Fig. 6) und den extrahierten Weiserintervallen. Oben: maximale Spätholzdichte; unten: Jahrringbreite
Comparison of correlations between climate data and all years versus selected pointer intervals of a spruce chronology from Qamdo (eastern Tibet, cf. Fig. 6). Above: maximum latewood density; below: ring width

BRÄUNING 1994, MEYER 2000). Die Stringenz der Klima-Jahrringbeziehungen ist in solchen Jahren stärker ausgeprägt als sonst. So ist an subalpinen Waldgrenzstandorten in Hochtibet der statistische Zusammenhang zwischen maximaler Spätholzdichte und Sommertemperatur in solchen „Weiserjahren" noch stärker als im Schnitt aller Jahre des Vergleichszeitraumes, während sich kalte Winter auf die Jahrringbreite der nachfolgenden Vegetationsperiode auswirken (Fig. 7). Extrem kalte Jahre oder Spätfrostereignisse können aber auch das Wachstum an Standorten bestimmen, die unter durchschnittlichen Verhältnissen von der verfügbaren Feuchtigkeit limitiert sind, d. h., es kann in solchen Jahren ein qualitativ anderer Einfluss des Klimas auf das Wachstum vorliegen, der durch lineare Regressionsmodelle nicht erfasst wird oder deren Güte beeinträchtigen kann. In Osttibet, wo Wälder aus Baumwacholdern (Juniperus tibetica) auf südexponierte Expositionen beschränkt sind, dort aber bis zur alpinen Waldgrenze in 4700 m vorkommen, zeigt die Weiserjahranalyse, dass das Wachstum dieser Bäume in der Regel vom Temperaturverlauf gesteuert wird, dass aber in extrem Trockenjahren ebenfalls Zuwachsdepressionen auftreten (BRÄUNING 1999).

Eine Veränderung saisonaler Klimaelemente kann sich ebenfalls nachteilig auf die statistische Güte der Korrelation der Klima-Wachstumsbeziehungen auswirken. So konnten VAGANOV et al. (1999) zeigen, dass die Korrelation der maximalen Spätholzdichte mit der Sommertemperatur in sibirischen Nadelwäldern während der letzten Jahre schlechter wurde, obwohl dieser Parameter in der Regel in polaren und subalpinen Lagen sehr hoch mit den Sommertemperaturen korreliert ist (z. B. KIENAST et al. 1987, SCHWEINGRUBER et al. 1993, 1996; BRÄUNING 1999). VAGANOV et al. (1999) führen dies auf mildere Winter und ein damit verbundenes früheres Einsetzen der Vegetationsperiode zurück, wodurch der Einfluss der Sommermonate auf das Baumwachstum geringer wird.

Der Gültigkeitsbereich von Jahrringchronologien und den aus ihnen abgeleiteten Klimarekonstruktionen ist in topoklimatisch kleinräumig gegliederten Gebirgsräumen gegenüber den borealen Tiefländern (SCHWEINGRUBER et al. 1993, 1996) eingeschränkt. Clusteranalysen an einem osttibetischen Chronologienetzwerk zeigen eine klare Gliederung in Wuchsprovinzen entlang eines Niederschlags- und Kontinentalitätsgefälles (BRÄUNING 2000; Fig. 6). Die Wuchsprovinzen lassen sich zu Wuchsregionen zusammenfassen, welche die monsunfeuchten Süd- und Osträder des tibetischen Hochlandes von den trockenkontinentalen Zentralbereichen Osttibets unterscheiden und sich im Wesentlichen mit den von v. WISSMANN (1961) aufgrund hygrischer Merkmale definierten „Außen- und Innengürteln" einerseits und dem Gebiet der „schattseitigen Fichtenwälder, Juniperus-Haine und des Tsaodi-Graslandes" andererseits decken.

Das Wachstum von Bäumen in Hochgebirgen wird aber nicht nur durch geländeklimatische Unterschiede in der Strahlungsexposition, der Schneeverteilung, der Bildung von Kaltluftseen und der Windverhältnisse modifiziert, auch die in Gebirgen hohe geomorphodynamische Aktivität kann einen Einfluss auf die Jahrringbildung haben. Davon sind unmittelbar Bäume an Lawinengassen, Steinschlagrinnen und Murgängen betroffen, aber auch langsame Hangbewegungen können die Jahrringbildung in hohem Maße steuern. Während Bäume bei mechanischen Verletzungen (Schnee- oder Windbruch, Steinschlag) meist mit Zuwachsrückgängen reagieren, die in ihrem Ausmaß nichtlinear vom Grad der Schädigung abhängen, versuchen gekippte Bäume durch die Ausbildung von Reaktionsholz den Stamm wieder in eine lotrechte Position zu bringen. In diesem Fall wird der jährliche Zuwachs asymmetrisch um den Umfang des Stammes verteilt, was man sich bei dendrogeomorphologischen Fragestellungen zunutze macht (SCHWEINGRUBER 1996). Die klimatologische Interpretation der Jahrringkurven wird dabei jedoch stark erschwert, so dass der Erfolg einer dendroklimatologischen Studie in hohem Maß von einer sorgfältigen Probenauswahl im Gelände und einer möglichst genauen standortsökologischen Aufnahme abhängt (SCHWEINGRUBER et al. 1990b).

Literatur

BEUG, H.-J., & G. MIEHE (1999): Vegetation history and human impact in the Eastern Central Himalaya (Langtang and Helambu, Nepal).
Dissertationes Botanicae, **318**.

BHATTACHARYYA, A. (1989): Vegetation and climate during the last 30,000 years in Ladakh. Palaeogeography, Palaeoclimatology, Palaeoecology, **73**: 25–38.

BÖHNER, J. (1996): Säkulare Klimaschwankungen und rezente Klimatrends Zentral- und Hochasiens.
Göttinger Geographische Abhandlungen, **101**.

BRÄUNING, A. (1994): Dendrochronology for the last 1400 years in eastern Tibet. GeoJournal, **34** (1): 75–95.

BRÄUNING, A. (1999): Zur Dendroklimatologie Hochtibets während des letzten Jahrtausends.
Dissertationes Botanicae, **312**.

BRÄUNING, A. (2000): Ecological division of forest regions of eastern Tibet by use of dendroecological analyses. Marburger Geographische Schriften, **135**: 111–127.

BRÄUNING, A., & F. LEHMKUHL (1996): Glazialmorphologische und dendrochronologische Untersuchungen neuzeitlicher Eisrandlagen Ost- und Südtibets. Erdkunde, **50** (4): 341–359.

BRIFFA, K. R. (2000): Annual climate variability in the Holocene: interpreting the message of ancient trees.
Quaternary Science Reviews, **19**: 87–105.

BRIFFA, K. R., JONES, P. D., SCHWEINGRUBER, F. H., SHIYATOV, S. G., & E. A. VAGANOV (1996): Development of a north Eurasian chronology network: rational and preliminary results of comparative ring-width and densitometric analyses in northern Russia. In: DEAN, J. S., MEKO, D. M., & T. W. SWETNAM [Eds.]: Radiocarbon. Tucson: 25–41.

Cour, P., Zheng, Z., Duzer, D., Calleja, M., & T. Yao (1999): Vegetational and climatic significance of modern pollen rain in northwestern Tibet. Review of Palaeobotany and Palynology, **104**: 183–204.

Cramer, T. (2000): Geländeklimatologische Studien im Bagrottal. Geo Aktuell, Forschungsarbeiten, **3**.

Domrös, M., & G. Peng (1988): The Climate of China. Berlin.

Esper, J. (2000): Paläoklimatische Untersuchungen an Jahrringen im Karakorum und Tian Shan Gebirge (Zentralasien). Bonner Geographische Abhandlungen, **103**.

Fritts, H. C. (1976): Tree rings and climate. London.

Flohn, H. (1968): Contributions to a meteorology of the Tibetan highlands. Colorado State University. = Atmospheric Science Paper, **130**.

Frenzel, B. (1994): Über Probleme der holozänen Vegetationsgeschichte Osttibets. Göttinger Geographische Abhandlungen, **95**: 143–165.

Frenzel, B. (1998): History of flora and vegetation during the Quaternary. Progress in Botany, **59**: 599–633.

Frenzel, B. (2002): History of flora and vegetation during the Quaternary. Progress in Botany, **63**: 368–385.

Frenzel, B., & S. Liu (2001): Über die jungpleistozäne Vergletscherung des Tibetischen Plateaus. In: Bussemer, S. [Hrsg.]: Das Erbe der Eiszeit [Marcinek-Festschrift]. Langenweißbach: 71–91.

Frenzel, B., Huang, W., & S. Liu (2001): Stone artefacts from south-central Tibet, China. Quartär, **51/52**.

Gasse, F., Arnold, M., Fontes, J. C., Fort, M., Gilbert, E., Huc, A., Li, B., Li, Y., et al. (1991): A 13,000-year climate record from western Tibet. Nature, **353**: 742–745.

Haffner, W. (1997): Hochasien: Der Effekt großer Massenerhebungen. Geogr. Rundsch., **5**: 307–314.

Helle, G., Schleser, G. H., & A. Bräuning (2002): Climate History of the Tibetan plateau for the last 1500 years as inferred from stable CARBON isotopes in tree-rings. Proceedings of the International Conference on the Study of Environmental Change Using Isotope Techniques, IAEA CN-80-80, Vienna 22–27/04/2001 [im Druck].

Jian, N., (2000): A simulation of biomes on the Tibetan plateau and their responses to global climate change. Mountain Research and Development, **20** (1): 80–89.

Jarvis, D. I. (1993): Pollen evidence of changing holocene monsoon climate in Sichuan Province, China. Quaternary Research, **39**: 325–337.

Jarvis, D. I., & S. T. Clay-Poole (1992): A comparison of modern pollen rain and vegetation in southwestern Sichuan Province, China. Review of Palaeobotany and Palynology, **75**: 239–258.

Kienast, F., Schweingruber, F. H., Bräker, O. U., & E. Schär (1987): Tree-ring studies on conifers along ecological gradients and the potential of single-year analyses. Can. J. For. Res., **17**: 683–696.

Kuhle, M. (1998): Neue Ergebnisse zur Eiszeitforschung Hochasiens in Zusammenschau mit den Untersuchungen der letzten 20 Jahre. Peterm. Geogr. Mitt., **142** (3+4): 219–226.

Kutzbach, J. E., Prell, W. L., & W. F. Ruddimann (1993): Sensitivity of Eurasian climate ro surface uplift of the Tibetan plateau. The Journal of Geology, **101**: 177–190.

La Marche, V. C. (1974): Paleoclimatic inferences from long tree-ring records. Science, **183**: 1043–1048.

Lang, G. (1994): Quartäre Vegetationsgeschichte Europas. Stuttgart.

Lehmkuhl, F. (1995): Geomorphologische Untersuchungen zum Klima des Holozäns und Jungpleistozäns Osttibets. Göttinger Geographische Abhandlungen, **102**.

Lehmkuhl, F. (1997): The spatial distribution of loess and loess-like sediments in the mountain areas of Central and High Asia. Z. Geomorph., N. F., Suppl.-Bd. **111**: 97–116.

Li, T. (1988): A preliminary study on the climatic and environmental changes at the turn from Pleistocene to Holocene in East Asia. GeoJournal, **17** (4): 649–657.

Li, W., & Z. Yao (1990): A study on the quantitative relationship between Pinus pollen in surface sample and Pinus vegetation. Acta Botanica Sinica, **32** (12): 943–950.

Meyer, F. D. (2000): Pointer year analysis in dendroecology: a comparison of methods. Dendrochronologia, **16/17**: 193–204.

Miehe, G. (1988): Geoecological reconnaissance in the alpine belt of southern Tibet. GeoJournal, **4**: 635–648.

Miehe, G. (1996): On the connexion of vegetation dynamics with climate changes in High Asia. Palaeogeography, Palaeoclimatology, Palaeoecology, **120**: 5–24.

Molnar, P., & P. England (1990): Late Cenozoic uplift of mountain ranges and global climate change: chicken or egg? Nature, **346**: 29–34.

Murakami, T. (1987): Effects of the Tibetan Plateau. In: Chang, C.-P., & T. N. Krishnamurti [Eds.]: Monsoon Meteorology. Oxford: 325–270. = Oxford Monographs on Geology and Geophysics, **7**.

Prell, W. L., & J. E. Kutzbach (1992): Sensitivity of the Indian Monsoon to forcing parameters and implications for its evolution. Nature, **360**: 647–652.

Riemer, T. (1994): Über die Varianz von Jahrringbreiten. Statistische Methoden für das Auswerten der jährlichen Dickenzuwächse von Bäumen unter sich ändernden Lebensbedingungen. Ber. Forschungszentrum Waldökosysteme, Reihe **A 121**.

Schlütz, F. (1999): Palynologische Untersuchungen über die holozäne Vegetations-, Klima- und Siedlungsgeschichte in Hochasien (Nanga Parbat, Karakorum, Nianbaoyeze, Lhasa) und das Pleistozän in China (Qinling-Gebirge, Gaxun Nur). Dissertationes Botanicae, **315**.

Schweingruber, F. H. (1996): Tree Rings and Environment. Bern. = Dendroecology.

Schweingruber, F. H., & K. R. Briffa (1996): Tree-ring density networks for climate reconstruction. In: Jones, P. D., Bradley, R. S., & J. Jouzel [Eds.]: Climatic variations and forcind mechanisms of the last 2000 years. NATO ASI Ser. **141**: 43–66.

Schweingruber, F. H., Briffa, K. R., & P. Nogler (1993): A tree-ring densitometric transect from Alaska to Labrador. International Journal of Biometeorology, **37**: 151–169.

Schweingruber, F. H., Eckstein, D., Serre-Bachet, F., & O. U. Bräker (1990a): Identification, presentation and interpretation of event years and pointer years in dendrochronology. Dendrochronologia, **8**: 9–38.

Schweingruber, F. H., Kairiukstis, L. A., & S. Shiytov (1990b): Sample selection. In: Cool, E. R., & L. A. Kairiukstis [Eds.]: Methods of Dendrochronology. Applications in the Environmental Sciences. Dordrecht, Boston, London: 23–35.

Sun, X., & Y. Chen (1991): Palynological records of the last 11,000 years in China. Quaternary Science Review, **10**: 537–544.

Thelaus, M. (1992): Some characteristics of the mire development in Hongyuan County, eastern Tibetan Plateau. Proc. of the 9th Int. Peat Congress Uppsala, Sweden, 22–26 June 1992, Vol. **1** (3), Commission I: 334–351.

Troll, C. (1973): Rasenabschälung (Turf Exfoliation) als periglaziales Phänomen der subpolaren Zonen und der Hochgebirge. Z. Geomorph., N. F., Suppl.-Bd. **17**: 1–32.

VAGANOV, E.A., HUGHES, M.K., KIRDYANOV, A.V., SCHWEINGRUBER, F.H., & P.P. SILIN (1999): Influence of snowfall and melt timing on tree growth in subarctic Eurasia. Nature, **400**: 149–151.

VAN CAMPO, E., COUR, P., & S. HANG (1996): Holocene environmental changes in Bangong Co basin (Western Tibet). Part 2: The pollen record. Palaeogeography, Palaeoclimatology, Palaeoecology, **120**: 49–63.

VAN CAMPO, E., & F. GASSE (1993): Pollen- and Diatom-inferred climatic and hydrological changes in Sumxi Co Basin (Western Tibet) since 13,000 yr B.P. Quaternary Research, **39**: 300–313.

VON WISSMANN, H. (1961): Stufen und Gürtel der Vegetation und des Klimas in Hochasien und seinen Randgebieten. Erdkunde, **15**: 19–44.

WANG, F.-B., & C.Y. FAN (1987): Climatic Changes in the Qinghai-Xizang (Tibetan) Region of China during the Holocene. Quaternary Research, **28**: 50–60.

YONEBAYASHI, C., SUGITA, H., SUBEDI, M.H., MINAKI, M., & H. TAKAYAMA (1993): Relationships between modern pollen assemblages and vegetation in the Arun Valley, eastern Nepal. Ecological Review Sendai, **22**: 185–196.

Manuskriptannahme: 18. April 2002

Dr. ACHIM BRÄUNING, Universität Stuttgart, Institut für Geographie, Azenbergstraße 12, 70174 Stuttgart
E-Mail: achim.braeuning@geographie.uni-stuttgart.de

Alpen: Glazialmorphologie und Bodenentwicklung im Vorfeld des Morteratschgletschers

Gletscher als „Gradmesser" des Klimas

Gletscherströme zählen zu den typischen und auffälligsten Erscheinungen der Alpen. Ihre erhabene, vermeintlich ewige Gestalt weckt ebenso wie ihre momentan beschleunigten Abschmelzraten immer wieder Staunen, Bewunderung und neuerdings auch echte Besorgnis. In den „heißen" Debatten um die möglichen Auswirkungen des anthropogen verstärkten Treibhauseffektes spielen die Eismassen der Gebirgsräume eine wichtige didaktische Rolle. Wie kein zweites Naturphänomen vermögen sie die langfristige Entwicklung des Klimas klar und im Haupttrend deutlich sichtbar abzubilden. Gebirgsgletscher gelten daher als integrale Schlüsselindikatoren zur Diagnose des Klimazustandes, ja geradezu als „Warnsignale des Klimas". Durch den bereits Mitte des 19. Jh. einsetzenden und in den letzten Jahren deutlich beschleunigten Rückgang der Eismassen hat sich das Bild unserer Hochgebirgslandschaften dramatisch verändert. Und die Aussichten auf einen Umschwung im Klimagefüge scheinen weiterhin getrübt zu sein.

Spuren im Gelände, alte Kartendokumente und aktuelle Messdaten belegen, dass im Massenhaushalt unserer Alpengletscher die Zeichen deutlich auf Rezession stehen, und dies seit nunmehr 150 Jahren. In dieser Zeitspanne haben die Gletscher in ihren jährlichen Bilanzen mehrheitlich „rote Zahlen" geschrieben, d.h. Massenverluste erlitten. Sie mussten also, um mit den wärmeren, d.h. für sie ungünstigeren Klimabedingungen Schritt zu halten, ihre „Kapitalreserven" nach und nach verflüssigen. Dabei ist der Längenschwund der Gletscher eines der sichtbarsten Indizien des Klimawandels.

Sämtliche Gletscher der Schweizer Alpen und damit auch diejenigen Graubündens und der angrenzenden Regionen Italiens (Bernina- und Bergeller Südseite) und Österreichs (Silvretta-Nordabdachung) wurden im Rahmen einer kürzlich abgeschlossenen glaziologischen Studie detailliert ausgemessen und inventarisiert. Pro Einzelgletscher wurden rund 50 verschiedene Messgrößen (z.B. Fläche, Länge, Höhenlage und Gleichgewichtslinie) erhoben, aufgelistet und veranschaulicht. Um die Mitte des 19. Jh. gab es nach den Ergebnissen dieser Studie im Großraum Bündnerland ca. 700 Gletscher mit einer Gesamtfläche von 465 km². Davon sind bis heute rund 600 mit einer Gesamtfläche von 280 km² übrig geblieben. Rund 185 km² bzw. 40 % der ehemaligen Eisflächen sind als Folge der Klimaerwärmung gänzlich abgeschmolzen.

Gletscher in der Berninagruppe

Die Berninagruppe ist nicht nur eine der schönsten, sondern auch eine der am stärksten und am dichtesten vergletscherten Gebirgsgruppen der Ostalpen. Die hoch aufragenden Gebirgsstöcke und die zahlreichen, als Nährflächen gut geeigneten Verflachungen in ablationsgeschützter Nordexposition erlauben hier, trotz relativer Trockenheit, die Bildung riesiger, weit hinabreichender Gletscherströme. Nach einer Inventarisierung gibt es heute in der Bernina noch 87 Einzelgletscher mit einer Totalfläche von rund 85 km², wovon 69 auf Schweizer Seite und 18 auf der italienischen Südflanke der Bernina existieren. Noch um

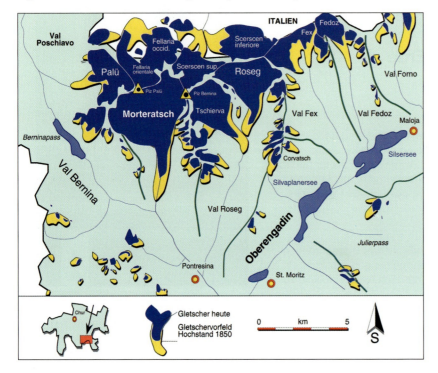

Fig. 1 Übersichtskarte des Berninagebietes (Grafik: MAISCH)

die Mitte des 19. Jh. betrug die vergletscherte Gesamtfläche annähernd 120 km².

Durch den Gletscherrückgang seit dem Hochstand von 1850 sind in der Berninagruppe als Resultat einer Erwärmung im Umfang von 0,5–0,7° C fast 35 km² bzw. annähernd 30 % der damals vereisten Flächen weggeschmolzen. In weniger stark vergletscherten Gebirgsgruppen (z. B. Err-Julier, Unterengadin) beläuft sich der relative Verlustbetrag sogar auf über 50 %. Kleine Gletscher und weniger stark vereiste Regionen haben dabei im Verhältnis zu ihren ursprünglichen Dimensionen relativ deutlich markantere Einbußen erlitten als größere Gletscher(-regionen; Fig. 1).

Pionierlandschaft Gletschervorfeld

Durch den Schwund der Gletscher ist in den Hochgebirgsräumen vor und neben den schwindenden Eiszungen ein neuer Landschaftsgürtel entstanden, das sog. „Gletschervorfeld". Die frischen Geländeformen, die noch ungebundene Dynamik der Schmelzwässerbäche sowie der initiale Charakter der Böden und auch der Vegetation bilden hier einen Landschaftstyp von einzigartigem und schutzwürdigem Gepräge. Diese „Neulandgebiete" sind heute aber den handfesten Interessen verschiedener, z.T. stark gegensätzlicher Nutzungsansprüche ausgesetzt (z. B. Wasserwirtschaft, Tourismus, Natur- und Geotopschutz). In hervorragender Weise bieten die Gletschervorfelder die Möglichkeit, die vielfältigsten geomorphologischen, botanischen und bodenkundlichen Phänomene an Ort und Stelle zu beobachten, zu studieren und spekulativ einstige wie auch künftige Entwicklungen abzuschätzen und diskursiv zu erörtern.

Im Herbst 1993 konnte im Vorfeld des Morteratschgletschers, unterstützt durch die Gemeinde Pontresina als Auftraggeberin, ein Gletscherlehrpfad eingerichtet und eröffnet werden. An 20 speziell gekenn-

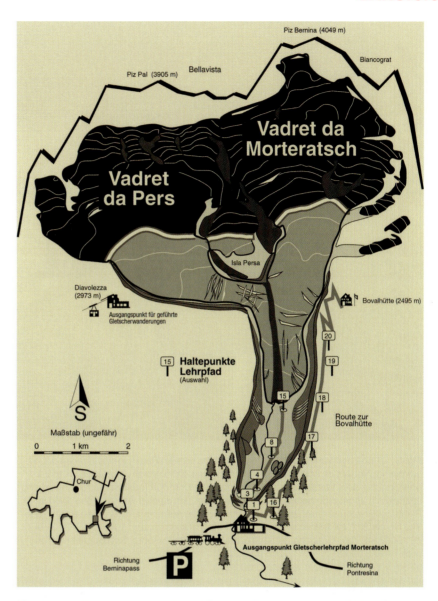

Fig. 2 Orientierungsplan zum Lehrpfad Morteratsch mit Ausgangspunkt, Wegstrecke und den Haltepunkten (Grafik: MAISCH)

zeichneten Haltepunkten wird hier auf besonders typische Erscheinungen der Glazialwelt, der Geomorphologie, der Bodenkunde und der Vegetation aufmerksam gemacht. Der Ausgangspunkt kann mit der Rhätischen Bahn auf der Strecke Pontresina–Bernina, Station „Morteratsch", erreicht werden (Fig. 2 und 3). Ab hier führt der Lehrpfad mit 15 Haltepunkten den markierten Wanderweg entlang bis zur Gletscherzunge. Zusätzlich sei auf die viel begangene Route zur Bovalhütte – die Abzweigung befindet sich wenige Schritte nach dem Start des Lehrpfades –, die weitere Themen zur Glazialmorphologie bietet, hingewiesen (Haltepunkte 16–20).

Die Wegstrecke zur Eisfront ist schon seit den 1970er Jahren mit Distanztafeln markiert. Ausgehend von einem aus gletscherkundlicher Sicht zwar eher zufällig gewählten Bezugspunkt „1900" (vorteilhafter wäre ab Endmoräne 1850 oder ab 1878, dem Beginn der jährlichen Messungen), signalisieren sie in Zehnjahresschritten den sukzessiven und gelegentlich atemberaubenden Gletscherschwund. Die vorerst letzte Tafel „Stand Gletscherzunge 2000" wurde bereits im Sommer 2001 angebracht. Die Beschilderung wird so für jeden Wanderer zu einem eindrucksvollen glazialen Raum-Zeit-Erlebnis. Die intensive Auseinandersetzung mit den Ex-

Exkursion

Fig. 3 Zunge und Vorfeld des Morteratschgletschers im Berninagebiet (Farb-Luftbildaufnahme, Norden ist oben). Der Lehrpfad folgt ab Bahnstation „Morteratsch" (ganz oben im Bild) dem Wanderweg bis zur Zunge und führt durch das schuttreiche und erst spärlich mit Vegetation bedeckte „Neulandgebiet". Ein zweiter Ast folgt dem Weg in Richtung Bovalhütte (links, entlang der Ufermoräne; Aufnahme: © Schweizer Luftwaffe, Bild Nr. 982322, LK 268 Julierpass, Datum: 23.10.1998, Uhrzeit: 10:21:39, UTC Koord.: 791 900 / 145 700, Flughöhe: 4 250 m ü. d. M., L+T/S+T; Reproduktionsgenehmigung vom 17. Mai 2002).

Die Informationen zum Gleitscherwanderpfad sind in einer Begleitbroschüre und zusätzlich in einem etwas umfangreicheren, themenvertiefenden Begleitbuch enthalten. Beide Unterlagen sind im Buchhandel, bei der Gemeindeverwaltung und im Verkehrsbüro von Pontresina sowie auch im „Landgasthof Morteratsch" erhältlich. Bei den Texten und Illustrationen in den Begleitunterlagen geht es zunächst um Spurensuche, um Beobachtung und Ansprache. Es werden Form und Merkmale der Objekte beschreibend erfasst sowie die fachliche Interpretation dargestellt. Die Komponenten „Raum" (2 km messende Wegstrecke als Schwunddistanz) und „Zeit" (Eiszeit, Spätglazial, Holozän, Kleine Eiszeit, Heute, Zukunft) bilden bei den meisten Themen wichtige, zum Verständnis der Zusammenhänge und der Prozessdynamik entscheidende lehrpfaddidaktische Aspekte.

kursionsthemen Gletscherrückgang, Geländemorphologie und Bodenbildung im Vorfeld des Morteratschgletschers umfasst wesentliche Bestandteile einer integralen Erfassung und Beurteilung des Landschaftsgefüges. Dessen langzeitliche Entwicklung ist stets auch unter dem Blickwinkel der erdgeschichtlichen Dimensionen zu betrachten.

Der schrittweise und hier direkt erlebbare Rückgang der Eismassen am Morteratsch – und auch anderswo in den Alpen – kann noch weitgehend natürliche Klimaursachen haben. Die prognostizierte Verstärkung des Temperaturanstiegs und ein Eisrückgang über die bisher bekannten, heute etwa erreichten Minimalstände hinaus sind aus gletscherkundlicher Sicht und im Vergleich zur Kenntnis über die letzten 10 000 Jahre Klimageschichte (Holozän) jedoch als ein außergewöhnlicher, ja geradezu alarmierender Vorgang zu bezeichnen. Der Zuwachs an periglazialem Neuland – und dessen potentielle Nutzungsmöglichkeiten – als Folge der prognostizierten „Heißzeit" des 21. Jh. sind dabei nur kurzfristige Nebenaspekte einer wesentlich tiefer greifenden weltumspannenden Umweltproblematik. Angesichts der hier vor Ort exemplarisch aufgezeigten und wohl nicht ganz unrealistischen Zukunftsperspektiven einer nahezu vollständigen „Entgletscherung" des Alpenraums sind aktive und rechtzeitige Maßnahmen zur Stabilisierung bzw. Reduktion der Treibhausgasemissionen nach wie vor dringliche Anliegen und von großer Tragweite.

Die kiesige, jedes Jahr einige Dutzend Meter länger werdende Wanderstrecke wird so sinnbildlich zur historischen Wegspur des Klimawandels und zum Mahnmal des gegenwärtigen Global Change. An der Länge des abzuschreitenden Wegpfades und den in den kommenden Jahrzehnten zu aktualisierenden Distanztafeln werden wir (oder wohl eher unsere Enkel und Urenkel) dereinst ablesen können, welches der vorhergesagten Klima- und Gletscherschwund-Szenarien dann tatsächlich eingetreten ist.

Nachfolgend sollen in gekürzter Form und exemplarisch einige Haltepunkte kurz dargestellt und illustriert werden. Die Haltepunkte sind in dieser Exkursion mit einer eigenen Nummerierung versehen. Auf die Nummerierung des Lehrpfades wird zur besseren Unterscheidung mit den Zusatzbuchstaben „Lp" hingewiesen, z.B. LpHP 3. Für die leicht zu bewältigende Wegstrecke ab Ausgangspunkt Bahnstation Morteratsch bis zur Gletscherzunge benötigt man rund eine Stunde (LpHP 1–15). Für den steileren und etwas anspruchsvolleren Abschnitt bis zur Bovalhütte (2 495 m ü. d. M) sind rund anderthalb bis zwei Stunden Wanderzeit einzuplanen (LpHP 16–20). Gutes Schuhwerk (Wander- oder Trekkingschuhe) und Schutzkleidung (incl. Sonnenschutz) seien in jedem Fall empfohlen. Die Bovalhütte ist im Sommer bewirtschaftet.

Das Gletschervorfeld (HP 1)

Bei diesem gleich zu Beginn der Wegstrecke angelegten Haltepunkt (LpHP 2) befindet sich der Besucher genau an demjenigen Standort, wo er im Vergleich zu einer auf das Jahr 1867 datierten alten Fotografie der Gletscherzunge den dramatischen Wandel im Landschaftsbild unmittelbar erkennen kann. Um die Mitte des 19. Jh., in der Endphase der „Kleinen Eiszeit" (Little Ice Age), stießen sämtliche Alpengletscher als Folge einer Verschlechterung des Klimas noch einmal kräftig vor. Sie erreichten im Zeitraum um 1850/1860 ihren letzten Hochstand, der fast überall durch markante Moränenablagerungen gekennzeichnet ist. Der Morteratschgletscher, wegen seiner stattlichen Größe allgemein etwas langsamer reagierend, erreichte nachweisbar erst kurz nach 1860 seine größte Ausdehnung. Er kam damals nur wenige Dutzend Meter von unserem Standort entfernt zum Stillstand.

Vielschichtiger Moränenschutt (HP 2)

In einer kleinen Kiesgrube am Wegrand, nur wenige Meter außerhalb des 1850er Moränenwalls gelegen, werden der Aufbau und das Alter eines mehrgliedrigen Moränenkomplexes aus bodenkundlicher Sicht erörtert (LpHP 3).

In allen vom Eis sukzessive freigegebenen Gebieten setzt sofort die Verwitterung ein. Im Verlaufe von Jahrhunderten können sich so auf der Oberfläche des Moränenschuttes Böden mit einer deutlichen Humusschicht entwickeln. Kommt es zu einem erneuten Gletschervorstoß, fallen die meisten dieser Böden der Erosion zum Opfer und werden abgeschürft. An einigen Stellen allerdings können sich alte Böden auch erhalten, wenn sie von frischem Gletscherschutt überdeckt und damit konserviert werden. Diesem Phänomen begegnen wir vorwiegend auf den Außenseiten der jeweils neu angeschütteten Ufer- oder Endmoränen (Fig. 4 und 5).

Wenn es gelingt, solche begrabenen Böden zu finden, kann das Alter des Humus mit der Radiokarbonmethode (^{14}C-Datierung) bestimmt werden. Diese im Labor zu ermittelnde Altersbestimmung ergibt eine wichtige Marke für den Überschüttungszeitpunkt des Bodens. Anhand solcher Moränen- und Bodenprofile kann man den Ablauf und die Ereignisse der Gletschergeschichte z. T. entschlüsseln. In unserem hier direkt am Wegrand gelegenen Beispiel stellt sich die Situation so dar: Eine jüngere Seitenmoräne (die durch den Kiesabbau heute fast ganz zerstört ist) hat einen älteren Moränenwall zugedeckt. Der Boden selbst ist allerdings nur bei Grabungen nachzuweisen und kann nicht direkt eingesehen werden. Die Moräne aus dem 19. Jh. (1850/1860) schließt sich in Form eines grobblockigen Schuttwalles gletscherwärts an diesen Doppelwall an. Der Humushorizont des überschütteten Bodens (es handelt sich um einen Podsol) konnte aufgefunden und auf 1150 Jahre vor heute (mit einer Unsicherheit von ±50 Jahren) datiert werden. Daraus ist der gletschergeschichtliche Ablauf wie folgt zu rekonstruieren: Die zeitliche Stellung des älteren Moränenwalles lässt sich nicht genau ermitteln, aber aus dem Radiokarbonalter und der Tatsache, dass ein solcher Boden mindestens etwa 500 Jahre zur Bildung braucht, kann geschlossen werden, dass er sogar mindestens ca. 1500 Jahre alt, möglicherweise sogar noch viel älter sein muss. Der darüber abgelagerte jüngere Wall kann jedoch maximal 1150 Jahre alt sein.

Fig. 4 Ansicht des Moränenaufschlusses am HP 2 (Foto: MAISCH 1991)

Fig. 5 Profilskizze des Moränenaufschlusses mit dem begrabenen Bodenhorizont (Grafik: FITZE)

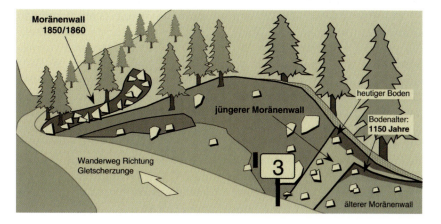

Auch die hier bereits markant entwickelte Bodenbildung lässt den Schluss zu, dass diese Moräne wohl zu einem Gletschervorstoß aus dem frühen Mittelalter gehören muss.

Vom Gletscher geschrammt (HP 3)
Geradezu schulbuchartig präsentiert sich an dieser Stelle eine Felspartie, wo auf engstem Raum die (Klein-)Formen der glazialerosiven Bearbeitung beobachtet werden können (LpHP 8).

Stehen dem vorstoßenden Gletscher widerstandsfähigere Felspartien im Wege, so vermag er deren Oberfläche dank seines enormen Gewichtes und mit Hilfe der im Eis und im Schmelzwasser mitgeführten Gesteinsfragmente in charakteristischer Art und Weise zu bearbeiten. Wenn solche Stellen wieder unter dem Eis hervorkommen, tragen sie die Spuren typischer Glazialerosion. Die charakteristische Form des stromlinienförmig geschliffenen Felsbuckels hier am Wegrand bezeichnet man als Rundhöcker. Er weist auf seinem Rücken einige besonders schön entwickelte Kleinformen glazialerosiver Überprägung auf. Die dem Gletscher zugewandte Seite (Luv) ist durch den Anprall und die dadurch verstärkte abschleifende Wirkung des Eises deutlich flacher abgehoben als die dem Eisfluss abgewandte, talwärtige Seite. Auf der Leeseite (links) ist vor allem die ausbrechende Wirkung des Gletschereises zu beobachten (Detraktion). Hier sind im Druckschatten des Hindernisses größere Gesteinsfragmente an den einstigen Gletscher angefroren und dann durch die Eisbewegung herausgebrochen worden.

Die abschleifende Tätigkeit des Gletschers (Detersion oder Abrasion) kann am besten mit der Wirkung eines Schleifpapiers auf ein Stück Holz verglichen werden. Im Gletscher eingefrorene Gesteinspartikel erodieren langsam und in kleinsten Bruchteilen den anstehenden Felsuntergrund. Spitze, hervorstehende Trümmer hinterlassen meistens längliche, mehrere Millimeter tiefe Kratzspuren, so genannte Gletscherschrammen. Je dicker der Gletscher ist, und je schneller er fließt, desto intensiver wird auch die abschleifende Wirkung. Im Schmelzwasser unter hohem Druck mitgeschlämmte Sandpartikel können die Gesteinsoberfläche zudem glatt bis glänzend polieren. Auf der Gesteinsoberfläche dieses Rundhöckers kann man bei genauerem Hinsehen neben den Gletscherschrammen vereinzelt auch Sichelbrüche und Parabelrisse erkennen. An vorgegebenen Schwächestellen und entlang von bestehenden Gesteinsklüften hat hier der zeitweise anfrierende Morteratschgletscher sichelförmige Fragmente herausgebrochen und parabelförmige Bruchstellen erzeugt (Exaration). Am Beispiel dieses lehrbuchartig ausgebildeten Rundhöckers kann man im verkleinerten Maßstab genau diejenigen Bildungsprozesse beobachten, welche im Verlauf der Eiszeiten die typisch parabelförmig ausgeschliffenen Querschnitte alpiner Trogtäler zustande gebracht haben.

Wenn der Gletscher schmilzt (HP 4)
Staunend erreichen hier die Besucher die aktuelle, in den Sommermonaten von beachtlichen Sturzbächen überströmte und zuweilen spektakulär zusammenbrechende Gletscherfront (LpHP 15). Am unteren Ende eines Talgletschers bildet sich oft ein charakteristisches Gletschertor, aus welchem die durch oder unter dem Gletscher abfließenden Schmelzwässer kanalisiert herausströmen. Form und Größe dieses tunnelartigen Gewölbes können sich innerhalb weniger Tage, ja sogar in Sekunden schlagartig verändern, wenn durch plötzliche Eisabbrüche ganze Gletscherpartien abstürzen. Man sollte sich deshalb unter keinen Umständen im unmittelbaren Gefahrenbereich des Gletschertores aufzuhalten, obwohl das geheimnisvolle Eisgewölbe einen faszinierenden Einblick in das bläulich schimmernde Gletscherinnere gewährt. Im klaren Gletschereis sind an hellen Stellen oft noch die eingeschlossenen Luftbläschen zu erkennen, auch mitgeschleppte Moränenblöcke und Schmutzbänder einstiger Staubeinwehungen zieren die zerquetscht hervortretenden Eisschichten. Die seit dem Hochstand von 1850/1860 vom Gletscher freigegebenen Moränensysteme am Rande des Vorfeldes neigen stark zur Erosion. Durch randlich zufließende Bäche bilden sich in den Ufermoränenkomplexen oft senkrecht verlaufenden Runsensysteme (Racheln). Sind gleich mehrere solcher schmaler Rinnen kulissenartig hintereinander gestaffelt, spricht man aus leicht verständlichen Gründen von Orgelpfeifenmoränen.

Saure Erde, karger Boden (HP 5)
Auf dem zweiten Lehrpfadabschnitt, dem westlich des Gletschervorfeldes und Gletschers verlaufenden Weg zur Bovalhütte, sind zahlreiche Aufschlüsse freigelegt. Sie geben Einblick in den Aufbau eines typischen Waldbodens dieser Höhenstufe (LpHP 16).

Nach dem Rückzug des Gletschers setzt einerseits die Gesteinsverwitterung ein, und andererseits beginnt die Besiedlung durch die Vegetation. Diese beiden Prozesse verändern allmählich die oberste Schuttschicht: Das kristalline Material (hier meist Granite und Diorite) zerfällt in kleinere Bruchstücke, die durch das kohlensäurehaltige Niederschlagswasser langsam aufgelöst werden. Dadurch gehen die verschiedenen chemischen Elemente als ursprüngliche Bestandteile der Mineralien ins Sickerwasser und werden entweder weggeführt oder von den Pflanzenwurzeln aufgenommen. Da kristallines Material wenig Nährelemente enthält, können hier nur Pflanzen mit einem geringen Nährstoffanspruch wachsen.

Die Auflösung der Gesteine ist wegen des Eisengehaltes meist mit einer rostbraunen Verfärbung des Materials verbunden. Es braucht allerdings mindestens 100 Jahre, bis sich im Boden erste Verbraunungsmerkmale zeigen. Dies erklärt, dass in den Gletschervorfeldern aus dem 19. Jh. bislang ganz selten Böden mit einer Braunfärbung anzutreffen sind. Die Besiedlung mit Vegetation führt im Verlauf von einigen

Jahrzehnten zu einer Humusauflage aus zersetzten oder halbzersetzten Pflanzenresten. Je nach biologischer Aktivität wird dieser Humus mehr oder weniger stark in den obersten Bodenabschnitt eingemischt. Im Morteratschgebiet ist diese Aktivität jedoch aus klimatischen Gründen und wegen des nährstoffarmen und sauren Gesteins eingeschränkt, so dass sich das Vorhandensein des Humus meistens nur auf eine charakteristische Auflageschicht beschränkt. Die jungen Böden im Gletschervorfeld, die weniger als 100–150 Jahre alt sind, werden deshalb als Humus-Silikatböden bezeichnet (Fig. 6 und 7).

Die älteren, bereits viel früher vom Eis freigegebenen Böden außerhalb der Hochstandsmoränen von 1850/1860 sind durch eine mehr oder weniger ausgeprägte Humusauflage über einem intensiv rostrot gefärbten, stark verwitterten Unterboden geprägt. Meist ist noch ein markant ausgebleichter Horizont von einigen Zentimetern Dicke dazwischengeschaltet. Solche Bleichhorizonte entstehen dadurch, dass das Eisen im obersten Profilabschnitt mit dem Sickerwasser ausgewaschen und in den tieferen Bodenschichten wieder ausgefällt wird. Dieser Bodentyp, der mindestens ca. 500 Jahre zu seiner Bildung benötigt, wird als Podsol bezeichnet.

Wenn die Gletscher schwinden (HP 6)

Hier (LpHP 19), mit großartigem Blick auf den unteren Teil der Zunge und die Einmündung des Persgletschers in den Hauptstrom, werden Gedanken zum „Werden und Vergehen" von Gletscherströmen und zu ihren Zukunftsaussichten angeregt.

Wenn man davon ausgeht, dass die Klimaverhältnisse im zukünftigen „Treibhaus Erde" für die Gletscher allgemein zu ungünstigeren Ernährungsbedingungen führen, kann man mit einfachen Abschätzungen deren Schrumpfen näherungsweise berechnen. Demnach wird der aus zwei Teilströmen zusammengesetzte Morteratschgletscher unter den heute verfügbaren Klimaänderungs-Szenarien in den nächsten rund 40 Jahren aller Vor-

Fig. 6 Humussilikatgesteinsboden (links) und Podsol-Profil (rechts; Fotos: FITZE 1991)

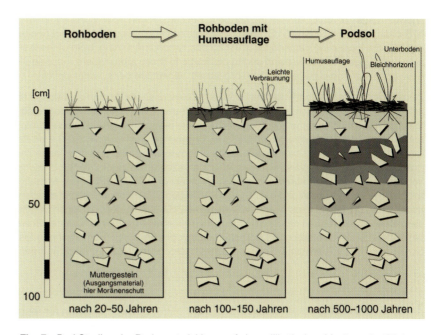

Fig. 7 Drei Stadien der Bodenentwicklung auf einer silikatischen Moränenoberfläche (Grafik: FITZE)

aussicht nach um weitere 1–2 km zurückschmelzen. Der Zustrom des Persgletschers wird sich dabei sukzessive vom Morteratsch-Hauptstrom trennen, über die Felsstufe des heutigen Eisfalles hinaufschwinden und ein selbstständiges Eigenleben zu führen beginnen. Komplementär zum Schwund des Eises werden die schuttreichen, noch wenig verfestigten und daher noch längere Zeit instabil bleibenden Vorfeldareale ebenso schnell anwachsen. Dies könnte, zumindest vorübergehend, zu einer Erhöhung des Gefährdungspotentials infolge von Rutschungen, Felsstürzen und Murgängen führen, aber auch neue Nutzungsmöglichkeiten der Landschaft durch massive Eingriffe des Menschen sind denkbar.

MAX MAISCH & PETER FITZE
(Universität Zürich)

MICHAEL RICHTER
DIETER SCHMIDT

Cordillera de la Atacama – das trockenste Hochgebirge der Welt

6 Figuren im Text

Cordillera de la Atacama – the World's Driest High Mountain Area
Abstract: Even within the most humid altitudinal belts of the "Andean Dry Diagonal" crossing the Atacama annual precipitation in some places does not exceed 200 mm/a, thus explaining the lack of modern glaciers restricted to this section. Due to extreme radiation extraordinary thermic features are caused, such as temporarily overadiabatic lapse rates or diurnal amplitudes of surface temperature up to 90 K. Under these conditions, landform processes in vast areas and over long periods are confined to physical weathering, with transport activities being limited or even absent. Zonal vegetation only occurs between 2,800 and 5,000 m a.s.l., mostly forming diffusely scattered stands. Maximum vegetation cover occurs at around 4,000 ± 200 m a.s.l., showing values of up to 40 % in the northern, but only around 10 % in the southern part of the research area; a prominent floristic N-S-change occurs at ca. 23° S. The considerable precipitation deficits and hence the resulting scarce plant cover are in conflict with the increasing demand for water by population and mining, both of them subject to rapid development. Problems originate particularly from decreasing spring discharge in those areas where fossil aquifers are exploited by deep drilling.
Keywords: extreme climate, landform processes, vegetation belts, water deficit

Zusammenfassung: Selbst in den feuchtesten Höhenzonen der Atacama erreichen die Jahresniederschläge im Bereich der diagonalen Trockenachse stellenweise nicht einmal 200 mm/a, wodurch sich die fehlende Vergletscherung in diesem Abschnitt erklärt. Vielmehr herrschen extreme Strahlungsverhältnisse, die zu außergewöhnlichen thermischen Vorgaben führen: zeitweise überadiabatische vertikale Temperaturgradienten oder Tagesamplituden von bis zu 90 K an Bodenoberflächen sind die Folge. Unter diesen Bedingungen beschränkt sich die Formenbildung in weiten Teilen und über lange Zeitabschnitte auf physikalische Verwitterungsprozesse bei stark eingeschränkter bis fehlender rezenter Umlagerung. Nur zwischen 2 800 und 5 000 m ü.d.M. tritt eine zonale Vegetation auf, die zumeist diffus verteilt ist. Ungefähr bei 4 000 ± 200 m ü.d.M. befindet sich die Stufe maximaler Deckungsgrade mit bis zu 40 % im Norden und nur 10 % im Süden des Untersuchungsgebietes; ein markanter floristischer N-S-Wandel erfolgt bei etwa 23° S. Die erheblichen Niederschlagsdefizite, die sich in der spärlichen Vegetation widerspiegeln, stehen im Kontrast zum steigenden Wasserbedarf der Bevölkerung und Kupferminen, die einer rasanten Entwicklung unterliegen. Probleme entstehen insbesondere durch nachlassende Quellschüttungen dort, wo durch Tiefbohrungen fossile Aquifere ausgeschöpft werden.
Schlüsselwörter: Extremklima, Formenprozesse, Vegetationsstufen, Wassermangel

1. Einleitung

Die Cordillera de Atacama grenzt zwischen 18° S und 30° S die Wüste Atacama vom Altiplano Südboliviens und der Ostkordillere Nordargentiniens ab. In ihrem zentralen Abschnitt quert die sog. „Trockendiagonale" die Anden bei 25°–27° S. Während ABELE (1993) diese Achse von Westargentinien nach Nordchile auch für das Spätglazial und Frühholozän als extrem arid erachtet, gehen GROSJEAN et al. (1991) von Feuchtphasen infolge vermehrter Kollisionen polarer Kaltluft mit warmer Tropikluft aus (MESSERLI et al. 1998). RICHTER & SCHRÖDER (1998) sehen hierin keinen Meinungsgegensatz, da für beide Perspektiven treffende Argumente vorliegen: ABELE belegt für die Kernwüste unterhalb 3 000 m eine Formenkonservierung seit vielen hunderttausend Jahren; GROSJEAN et al. (1991) erkennen in spätglazial-frühholozänen Strandterrassen im Umfeld von Seen oberhalb 4 000 m Indizien für feuchtere Klimaphasen. Unklar bleibt, ob der Kern der lagestabilen Trockenachse humider war. SCHRÖDER (1998) widerspricht dem mit Belegen zu Vorkommen von Breitböden am Llullaillaco (24° 43') und stellt hier somit jene spätpleistozäne Vergletscherung in Frage, die JENNY & KAMMER (1996) einmal mehr anführen (s. auch JENNY & KAMMER versus SCHRÖDER 2001). VEIT (2000) versieht die pleistozäne Gletscher-Gleichgewichtslinie in diesem Abschnitt mit einem Fragezeichen.

Diese Auswahl an Arbeiten legt den Verdacht nahe, dass die Paläonatur der Atacama interessanter sei als die gegenwärtige. Die intensiven Studien des letzten Jahrzehntes liefern aber zugleich eine hervorragende Datenbasis zu rezenten Vorgängen in dem extremen Hochgebirge. So gilt im Folgenden das Augenmerk dem Höhenwandel von Klima, Formungsprozessen, Vegetation sowie den aktuellen Problemen der Wasserversorgung in einem expandierenden Wirtschaftsraum.

Hochgebirge

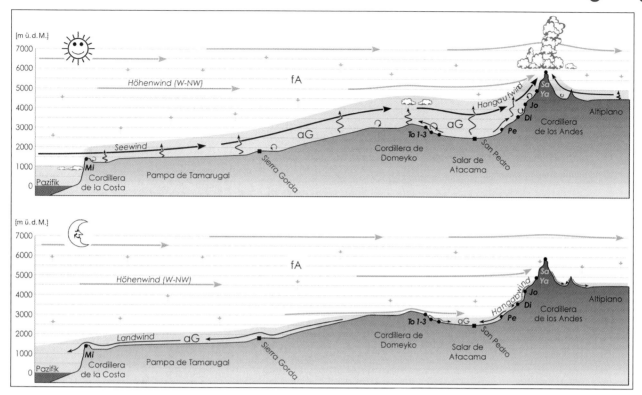

Fig. 1 Schema der Windsysteme bei Tag und Nacht zwischen Küste (Michilla) und Kordillere (Sairecabur). fA: freie Atmosphäre, aG: atmosphärische Grundschicht
Pattern of diurnal wind systems between coast (Michilla) and Cordillera (Sairecabur). fA: free air flow, aG: boundary layer

2. Kennwerte zum Extremklima

Im subtropisch-tropischen Übergang gelegen, gilt die Atacama als trockenste Wüste der Welt, deren Klima vom außergewöhnlich lagestabilen, quasipersistenten Hochdruckkomplex des Südostpazifiks bestimmt wird. Einige Stationen in der Binnenwüste der Pampa Tamarugal und an der Küste erhalten im 30-jährigen Mittel weniger als 1 mm/a, ein Wert, der stellenweise auf ein einziges Ereignis zurückgeht. Auch die Hochlagen empfangen weniger Niederschläge als andere Wüstengebirge. Legt man für das 3000-m-Niveau ein Mittel von 35 ±15 mm/a zugrunde, so liegt dieses deutlich unter Analogwerten in der Zentralsahara, wo für den Assekrem im Hoggar rund 150 mm/a notiert werden (YACONO 1968). In den Anden spiegelt sich die extreme Aridität in der fehlenden Vergletscherung zwischen Nevado de Quimsachata (18° 20' S) und Cerro Ermitaño wider (26° 47' S; JENNY & KAMMER 1996). Der trockenste Sektor deckt sich mit der Grenze zwischen Winter- und Sommerregengebiet, die südlich des Volcán Socompa bei 24° 25' S mit der diagonalen Trockenachse übereinstimmen. Nur selten stoßen Kaltlufttropfen im Südwinter über den Wendekreis nach Norden vor. In solchen Fällen verursacht die Vermischung mit tropischer Warmluft relativ mächtige Neuschneelagen (VUILLE 1996). Niederschläge im Südsommer sind in der Regel mit einer Intensivierung und Südverlagerung des bolivianischen Höhenhochs und der Abblockung der mitteltroposphärischen Westwinde über den randtropischen Anden verbunden (RAO & ERDOGAN 1989). Unter diesen Bedingungen kann feuchte Luft aus Nordosten bis zur Andenwestseite gelangen, so dass sich über Prä- und Westkordillere aus hoch reichenden Konvektionsprozessen heftige Gewitterstürme entwickeln. Für das Regionalklima im Bereich des Salar de Atacama (kleine Übersichtskarte in Fig. 6) sind synoptische Einflüsse jedoch in der Regel von untergeordneter Bedeutung (vgl. JACOBEIT 1992).

Neben Klimadaten der *Dirección General de Aguas* (12 DGA-Stationen von 2260 bis 4320 m ü. d. M.) liegen digitale Messwerte hoher zeitlicher Auflösung von fünf automatischen Stationen (2950–5820 m ü. d. M.) aus einem dreijährigen Forschungsprojekt vor (SCHMIDT 1999):

- Infolge der reduzierten optischen Luftmasse in Hochlagen zwischen 3000 und 6000 m ü. d. M., extrem wasserdampfarmer Luft und ganzjähriger Wolkenarmut unterliegt die Sonnenstrahlung in der Hochatacama nur minimalen Extinktionsverlusten. Wie bereits HIRSCHMANN (1973) vermutete, lassen sich weltweit einzigartige Globalstrahlungswerte nachweisen: So lag z.B. im Dezember 1993 das mittlere Tagesmaximum in 4920 m ü. d. M. bei 1287 W/m²; dies entspricht 91,3 % der gegenüber der Nordhalbkugel um 7 % erhöhten Solarkonstante (Perihel-Position am 7. Januar). Unter den trockenen und trübungsarmen Vorgaben im Untersuchungsgebiet liegt das Verhältnis zwischen direkter und diffuser Globalstrahlung in den Hochlagen mit 10:1 deutlich

© 2002 Justus Perthes Verlag Gotha GmbH

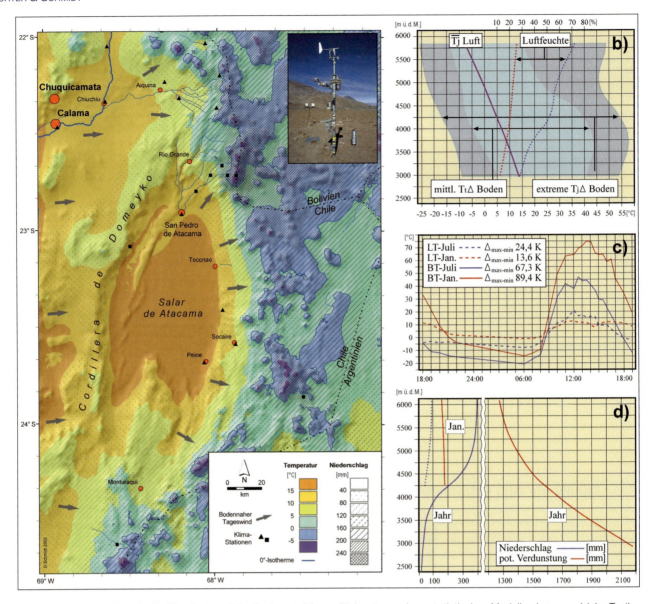

Fig. 2 Links: Hygrothermische Klimakarte auf der Basis von Jahresmittelwerten und geostatistischen Modellrechnungen (siehe Text). Rechts Klimadiagramme: b) Amplituden zwischen mittlerem Minimum und Maximum der Lufttemperatur, der Bodenoberflächen-Temperatur und ihrer extremen Minima und Maxima (Stationsmessungen 1991–1994, Profil San Pedro–Sairecabur), c) Tagesgang von Luft- und Oberflächentemperatur über Toconao-Tumbre auf 4250 m ü.d.M. (LT und BT, Handmessungen), d) Höhengradienten der Jahresniederschläge (korrigierte DGA-Stationen mit höhenwärtiger Extrapolation) und der potentiellen Verdunstung (eigene Stationen, Penman-Berechnung)
Left: Hygro-thermic map based on annual means and geostatistical modelling. Right: b) amplitudes of air and surface temperatures, c) specific diurnal courses of air and surface temperatures at 4,250 m a.s.l., d) vertical gradients of annual precipitation (corrected DGA station values with upward extrapolation) and potential evaporation (personally maintained stations, Penman calculations)

über jenem humider Gebirge. Hier wie auch im UV-Bereich sind die Höhengradienten aufgrund ohnehin hoher Ausgangswerte in der wüstenhaften Fußstufe kleiner als in feuchten Zonen. Naturgemäß sind bei der erythemwirksamen Strahlung die Maximalwerte ausnehmend hoch (PIAZENA 1996), womit ein bedeutsamer Stressfaktor für Organismen angeführt ist.

- Die eingestrahlte Energie wird über konvektiv-turbulente und advektive Prozesse abgeführt, da Bodenfeuchte für die Bildung latenter Energie kaum verfügbar ist. Folglich wird der Wind zum Hauptenergieträger. Der thermische Kontrast zwischen kühlem Pazifik und aufgeheiztem Altiplano bedingt einen regelmäßigen See-Gebirgswind (Fig. 1), der an Sommernachmittagen an den Barrieren der Prä- und Westkordillere zu hoch reichender Konvektion führt. Oberhalb 4000–5000 m ü.d.M. verzahnt sich die thermisch induzierte Grundschichtströmung mit den mitteltroposphärischen Westwinden. Das Klimasystem der nordchilenischen Andenwestflanke ist demnach zweigeteilt: Im extrem ariden Grundschichtklima tieferer Lagen werden die Tagesgänge von Windrichtung und -geschwindigkeit, Lufttemperatur und Luftfeuchtigkeit von der tagesperiodisch oszillierenden thermo-orographischen Zirkulation geprägt. In den stärker ventilierten Hochlagen der Westkordillere werden diese Klimafaktoren hingegen durch den tages- und jahresperiodisch wechselnden Einfluss von See-Bergwindzirkulation und permanent trockener Höhenströmung charakterisiert. Zudem kommt erst diese Höhenstufe in den episodischen Genuss nennenswerter Niederschläge. Typisch für dieses Höhenwindklima ist u.a. ein außergewöhnlicher Luftfeuchtetagesgang mit einem ausgeprägten Maximum am späten Abend (!), bevor bei abnehmender Temperatur die Umstellung vom einschlafenden Hangaufwind zur extrem trockenen Höhenströmung erfolgt. Folglich werden in knapp 6 000 m Höhe im Mittel Tagesamplituden der Luftfeuchte von immerhin 47 % gemessen (26–73 %)! Unterhalb 3 000 m liegt hingegen das Jahresmittel der Luftfeuchtigkeit bei lediglich 21 %.

- Die ariden Verhältnisse verursachen hohe, tagesperiodisch wechselnde Vertikalgradienten der Temperaturen (Fig. 2b, Profil von 2 950 bis 5 820 m ü.d.M.): Für das Jahresmittel der Lufttemperatur liegen sie bei –0,75 K/100 m (mittleres Tagesmaximum: –0,83 K/100 m, mittleres Tagesminimum: –0,67 K/100 m). An der Bodenoberfläche belaufen sich die Analogwerte auf –0,81 K/100 m (–1,05 K/100 m bzw. –0,64 K/100 m). Während die Tagesamplituden der Lufttemperatur eher normale Werte zwischen 8,2 K in 5 820 m ü.d.M. und 13,1 K in 4 270 m ü.d.M. aufweisen, zeichnen sich die Amplituden an Oberflächen durch große Spannweiten aus. Aus Figur 2b wird ersichtlich, dass diese infolge der extremen Strahlungsvorgabe je nach Höhenlage, Bodenfarbe und Bodendurchfeuchtung noch im Jahresmittel zwischen 29 K und 46 K liegen und im Übergangsbereich zwischen Grundschicht- und Höhenwindklima zudem durch eine charakteristische, sprunghafte Abnahme gekennzeichnet sind. Bemerkenswert sind mit 69 K und 74 K auch die Maximalamplituden zwischen kältestem und wärmstem Jahreswert im Bereich der höhenwindbeeinflussten Stufe (4 920–5 820 m ü.d.M.). Handelt es sich hierbei noch um Stationswerte an regionalen „Normböden", so sind die Handmessungen an Sonderstellen in Figur 2c noch beachtlicher: Bei einer Tagesamplitude von fast 90 K trotz Windeinwirkung ist auf dunklen Aschenböden mit Tussock-Strohresten an sommerlichen Strahlungstagen von Maximalspannen um 100 K auszugehen; selbst bei niedrigem Sonnenstand im Südwinter wird hier ein Wert von über 65 K registriert!

- Die spärlichen Niederschläge in der Hochatacama sind durch eine hohe interannulle Variabilität gekennzeichnet und fallen zum überwiegenden Teil während der Monate Januar bis März. Der Niederschlagsgradient steigt ab 3 500 m ü.d.M. stark an; dabei beruhen die Werte in Figur 2d auf Stationsdaten der DGA unter Berücksichtigung systematischer Messfehler (VUILLE 1996), Satellitenbildauswertungen (AMANN 1996) und des hygrischen Randhöhenmaximums (WEISCHET 1969). Die aufgezeigten Verhältnisse beziehen sich auf den Norden des Untersuchungsgebietes, den gelegentlich der tropische „invierno boliviano" berührt. Im Süden dürften die Niederschläge kaum 200 mm/a erreichen (AMMANN 1996). Im gesamten Gebiet bezeugen die Monatsmittel der potentiellen Verdunstung selbst im feuchtesten Monat Januar vollaride Verhältnisse (Teilkurven in Fig. 2d). Jedoch treten räumlich begrenzt einzelne Jahre mit ein bis zwei humiden Monaten auf, so im Januar/ Februar 2000 und 2001 entlang der Achse Licancabur–Linzor. Solche Fälle führen zu deutlichen Wachstumsimpulsen bei annuellen Pflanzen und sichern den Fortbestand der perennen Vegetation. Großflächiges Absterben ganzer Bestände wie in der Küstenatacama (RICHTER 1995) fehlt im Gebirge, so dass hier kein wahrnehmbarer Fingerzeig auf eine rezente Austrocknung vorliegt, die einen holozänen Tiefpunkt erreicht haben dürfte (MESSERLI et al. 1992).

Im Kartenüberblick in Figur 2 (links) sind die hygrothermischen Verhältnisse im Untersuchungsgebiet wiedergegeben. Die Regionalisierung der Stationsdaten ist aus geostatistischen Modellen abgeleitet, in die neben den entsprechenden Höhengradienten (s.o.) auch Höhe, Hangneigung und „Massenerhebung" eingehen. Bereiche, die bei der gegebenen hohen interanuellen Variabilität noch regelmäßig in den Genuss relativ hoher Niederschläge kommen, lassen sich darüber hinaus aus maximalen Pflanzenbedeckungsgraden ableiten (s.u.). Hier zeichnet sich mit dem „Merriam-Effekt" verstärkter Konvektionsprozesse ein Bezug zur Massenerhebung ab (RICHTER 1999), wobei nicht die absoluten Höhen, sondern die Flächenanteile oberhalb eines Mindestniveaus entscheidend sind (hier z.B. >5 000 m). Dies ist neben dem Licancabur-Linzor-Komplex vor allem im Miscanti-Miniques-Sektor gegeben (Lokalisierung s. Fig. 4).

3. Klimamorphologische Prozesse

Bereits zu Zeiten kaum verfügbarer Klimadaten folgerte MORTENSEN (1927) aus dem Formenschatz der Atacama, dass zwischen 1200 und 3000 m eine Kernwüste vorliegt. Nach ABELE (1987) erschließt sich hier eine lang währende Aridität aus seltenen Erosionsspuren an den Hängen und verbreiteten Salpeterauflagen in den Senken, d.h. leicht löslichen Nitraten. Weiterhin führt der Autor die geringe Zerschneidung dünner, aber großflächiger Ignimbritdecken aus dem Mio-Pliozän an den Westhängen der Kordillere an. Angesichts einer Reliefenergie von fast 15 km auf einer Distanz von knapp 300 km zwischen dem kaum mit Füllmassen versehenen Atacama-Tiefseegraben und den Kordillerengipfeln geht ABELE (1989) von Rückkopplungseffekten zwischen tektonischen, morphologischen und klimatischen Impulsen aus: Danach verstärkt sich mit zunehmender Gebirgshebung die Aridität auf der Anden-Westseite,

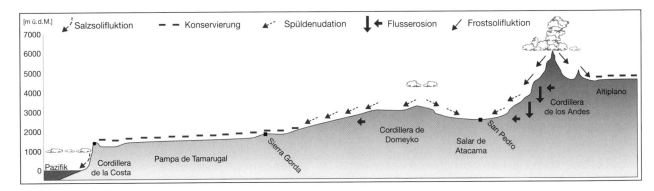

Fig. 3 Maßgebliche Formungsprozesse in der zentralen Atacama zwischen Küste und Altiplano
Prevailing landforming processes within the Atacama between coast and Altiplano

die wiederum den Abtrag mindert, was folglich zum Erhalt, also zur „passiven Heraushebung" der Kordillere beiträgt.

Belege für aride Formung liegen in allen Höhenstufen durch Salzverwitterung vor, beginnend mit Tafoni-Bildungen am luftfeuchten Küstensaum. Darüber folgen Glatthänge, die nach ABELE (1990) von Schuttschleiern durch „Salzsolifluktion" bei stetigen Wechseln aus Nebelfeuchte und Trockenheit überkleidet sind. Nördlich der Halbinsel Mejillones bestätigen nahezu lückenlose Auflagen von Schuttschleppen und -girlanden grobklastischer Substrate, dass die Verwitterungs- die Abtragungsrate übersteigt. Südlich tritt an luvseitigen Südwesthängen zugerundetes Gesteinsmaterial in breiförmig verhärteten Böden hinzu (RICHTER 1995). Jenseits der Küstenkordillere konzentrieren sich Evaporite auf Depositionen in Senken; zwischen ca. 1000 m ü. d. M. und etwa 2600 m ü. d. M. liegen vornehmlich Gipse, Halite und Nitrate zugrunde. Salzkarst (kleine Dolinen, Karsttische, Rillen- und Stufenkarren) kennzeichnet vor allem tektonisch verstellte Schichtglieder tertiärer Evaporitablagerungen in der Cordillera de la Sal westlich des Salar de Atacama (WILKES 1991). In den Salaren selbst erfolgt nach Niederschlägen auf zunächst tischebenen Salzflächen ein Volumenwandel mittels polygonaler Risse, Salzkliffs und Salzstalaktiten, der in der Bildung rauer „Salzsturzäcker" endet. Letztere Stadien fehlen den Hochlagen, wo feuchtere Verhältnisse zu perennen Seen mit mehr oder weniger umfassenden Salzflächen führen. Oberhalb 4200 m ü. d. M. bezeugen Salzausblühungen im Lockermaterial wie auch Tafoni im Festgestein die zunehmende Wirkung sporadischer Eisbildungen und Schneeauflagen (Büßerschneefelder). Somit liegt der Schwerpunkt weitflächiger Salzverwitterung in der Küstenwüste, während in der Binnenwüste mit Ausnahme der Senken Insolationsverwitterung vorherrscht. Zu dieser gesellt sich oberhalb 4000 m ü. d. M. in zunehmendem Maße Frostverwitterung, die nach SCHRÖDER et al. (1996) mit der Salzsprengung in intensiver Wechselwirkung steht.

Bezüglich der Verlagerung sorgen die häufigen Befeuchtungswechsel an der gesamten Küstenwüste für solifluidale Hangglättung mit Schuttmänteln (Fig. 3). Jedoch deuten südlich von Tocopilla Kleinmuren, Schlipfe und Spülrillen an den Hängen sowie Schotterfüllungen und kleine Schwemmkegel in kurzen Taleinschnitten auf vereinzelte Starkregen hin (RICHTER et al. 1993). Entsprechende Formen rezenter Ereignisse fehlen der Binnenwüste jenseits der steilen Küstenkordillere weitgehend. Neben noch selteneren Frontalniederschlägen ist hier das flache Terrain für die geringe Überprägung entscheidend, wo torentielle Regen allenfalls Flächenspülungen und flache Überschwemmungen verursachen. So kennzeichnen riesige, wenig überformte tertiäre Fußflächensysteme die Binnenwüste der Längssenke. Eine Zertalung erfolgt lediglich durch den Rio Loa, der aufgrund seines ausgedehnten Einzugsgebietes zwischen Prä- und Hauptkordillere als einziger Fluss bis zum Meer durchbricht.

Während eine verfestigte Staubhaut die Oberfläche der tieferen Binnenwüste vor Deflation schützt, lässt dieser Effekt oberhalb 2400 m ü. d. M. nach. Feinmaterial wird hier leichter abgeschwemmt und nun auch ausgeblasen, so dass sich in Leelagen Dünenschleppen akkumulieren. Mit höhenwärts zunehmenden Niederschlägen wächst der Anteil an Steinwüsten, da nun vor allem an steileren Hängen das Feinmaterial erodiert werden kann. Die Zertalung nimmt zu, Fußflächen zeigen erste Zerschneidungen. Oberhalb 4100 m ü. d. M. im nördlichen und 3900 m ü. d. M. im südlichen Bereich setzen erneut Glatthänge ein. Zunächst noch als Vorzeitformen konserviert, bilden sie 800 ± 100 m weiter oberhalb solifluidale Aktivformen durch rasch zunehmende Frostwechsel. Kryoturbation tritt zunächst fleckenhaft (bis 4100 m ü. d. M.), dann gehemmt (bis 4500 m ü. d. M.: schwach im Norden, kaum im Süden) und schließlich frei auf (SCHRÖDER 1999). Aktive Blockgletscher fehlen südlich des Sairecabur und dokumentieren gleichermaßen zunehmende Trockenheit. Im Sinne von HINTERMAYR (1997) tritt ein „hygrisches Jahreszeiten-Periglazial" am Sairecabur bei 4600 m ü. d. M. und am Llullaillaco bei 4200 m ü. d. M. auf. Hieran sind kurzzeitige Frostmuster mit Miniaturpolygonen und -streifen gebunden. Beständige Strukturböden und regelmäßige Solifluktionserscheinungen kommen erst 700 ± 100 m weiter oben im „hygrischen Tageszeiten-Periglazial" vor. Dieses ist an dauerhaftes Bodeneis in <30 cm Tiefe gebunden, von dem aus tägliches Antauen die Durchfeuchtung des Oberbodens gewährleistet. Große Steinpolygone und -streifen, Staublöcke, Solifluktionsloben und Blockströme bilden auch unterhalb persistente Vorkommen.

4. Höhenstufen und Klimaindikation der Wüstenvegetation

Unterhalb 2 900 m ü. d. M. beschränkt sich eine diffus verteilte Vegetation auf wenige Gunststellen an der Nebelküste (RICHTER 1995) und auf Trockenbetten sporadischer Flüsse; einzig den Rio Loa begleitet eine geschlossene Pflanzendecke. Beobachtungen im März der Jahre 2000 und 2001 belegen aber, dass Schichtfluten infolge episodischer Sommerregen vereinzelt Ephemere zutage bringen. Trotz der extremen Trockenheit umfasst die „Region de Antofagasta" nach MARTICORENA et al. (1998) 1 056 Gefäßpflanzenarten, darunter 422 Endemiten. Den eigenen Studien liegen 201 Arten aus 504 pflanzensoziologischen Aufnahmen in 17 Vertikaltransekten des wesentlich kleineren Untersuchungsgebiets vom Volcán San Pedro bis zum Llullaillaco zwischen 2 800 m ü. d. M. und 5 100 m ü. d. M. zugrunde, von denen drei exemplarisch vorgestellt werden (Fig. 5a–5c). Die Stufenbenennung „supra-, oro-, altodesertisch bis subnival" (RICHTER 2001) entspricht der Folge „präandin, subandin, andin, subnival" von VILLAGRAN et al. (1981).

Für die wüstenhafte Hochatacama sind wechselnde Vegetationsbedeckungen innerhalb der jeweiligen Höhenstufen bezeichnend. So können nahezu pflanzenlose Senken von relativ dicht bewachsenen Hängen umgeben sein. Dabei sorgen wechselnde Bodenfeuchteregime (z. B. mit und ohne Hangzugwassereinfluss), petrographische Vorgaben (z. B. mit und ohne Einwehung

Fig. 4 Vegetation in der Hochatacama unter zonalen Voraussetzungen, d. h. ohne hygrische oder edaphische Sonderbedingungen. Fotos von oben nach unten: schüttere Graspuna bei 4 500 m ü. d. M. am Llullaillaco (Süden), dichte Strauchpuna auf 3 800 m ü. d. M. bei Linzor (Norden), offene Dornpuna bei 3 100 m ü. d. M. am Licancabur (Zentrum; Fotos: RICHTER, März 2001, 2000 und 1999)
Vegetation of the Atacama under zonal conditions, i. e. not regarding specific hydric or edaphic triggers. Photos from top to bottom: grass puna at 4,500 m a. s. l. at Llullaillaco (south), dense shrub puna at 3,800 m a. s. l. near Linzor (north), light spiny puna at 3,100 m a. s. l. at Licancabur (centre; Photos: RICHTER, March 2001, 2000 and 1999)

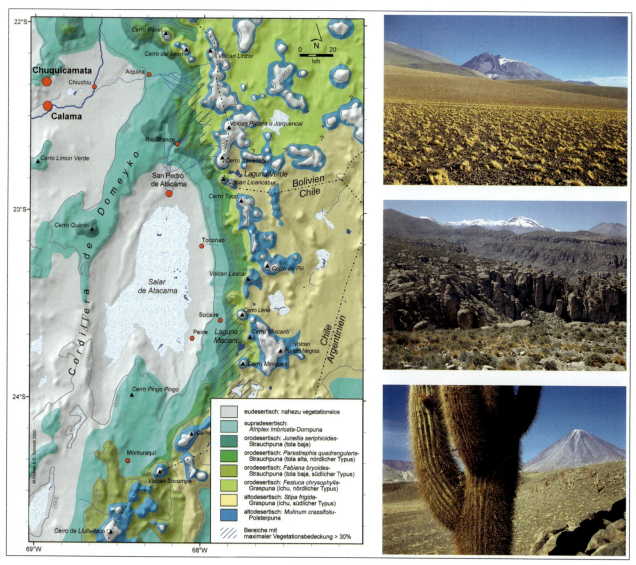

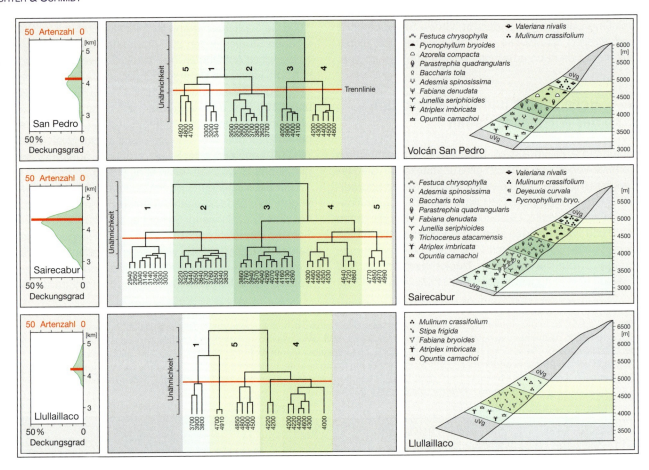

Fig. 5 Vegetationsstufen am Volcán San Pedro, Sairecabur und Llullaillaco. Links: Höhenwandel der Deckungsgrade und Zahl der erfassten, durchweg perennen Arten, Mitte: numerische Klassifikation der Aufnahmen (MULVA nach WILDI & ORLOCI 1990, Ähnlichkeitsmaß: cord distance, Cluster: minimum variance), rechts: Höhenfolge der Pflanzengemeinschaften nach erfolgter Klassifikation
Vegetation belts at Volcán San Pedro and mounts Sairecabur and Llullaillaco. Left: vertical gradient of vegetation cover and number of perennials, center: numerical classification of the relevés, right: altitudinal sequence of plant communities based on the same classification

von Schwefelstäuben) oder Bodenfarben und -strukturen (helle Bimslapillilagen bis dunkle Andesitaschen) für kontrastreiche Formations- und Gesellschaftsmosaike. Auf kleinem Maßstab lässt sich die enge Kammerung gerade für die Optimalzone des Pflanzenwuchses um 3900 ± 300 m kaum darstellen. Zudem spiegelt ein exaktes Abbild zwar edaphische, aber kaum hygro-klimatische Vorgaben wider. Letztere zeichnen sich indes in Bereichen einer maximalen Vegetationsdichte ab (Fig. 4). Entsprechend legt die Karte eine Abnahme der Niederschläge in südlicher Richtung nahe. Hier rührt die offene Pflanzendecke vornehmlich von der nahen Trockendiagonale und von schwächeren Sommerniederschlägen her. Große Aridität bestimmt auch den Altiplano südlich des bolivianisch-argentinisch-chilenischen Dreiländerecks, wo die zerstreut aufsitzenden Hochberge mit Ausnahme vom Miscanti-Miniques-Komplex kaum zum erwähnten Merriam-Effekt beitragen.

Der spärliche Pflanzenbewuchs der supradesertischen Fußstufe erstreckt sich im Norden und Zentrum des Untersuchungsgebietes (Fig. 4) von 2900 m ü.d.M. bis 3500 m ü.d.M. Die xerischen Zwergstrauchbestände einer *Atriplex imbricata*-Assoziation wirken bei fehlendem Laub durchweg leblos, und nur in feuchten Jahren erfolgt eine spärliche Blattentfaltung. Stetig sind auch *Acantholippia punensis* sowie die Kugelpolster des Kaktus *Opuntia camachoi* vertreten, während sich *Ambrosia artemisioides* und der Säulenkaktus *Trichocereus atacamensis* auf den Norden sowie *Cristaria andicola* auf den Süden konzentrieren. Nach ergiebigen Regen bilden die annuelle Staude *Krameria lappacea* und niedrige Rasen mit den Therophyten *Aristida adscensionis*, *Tagetes multiflora*, *Tiquilia atacamensis* und *Hoffmannseggia eremophylla* grüne Akzente. Am Llullaillaco setzt die Wüstenpuna erst bei 3600 m ü.d.M. ein und reicht bis 4000 m ü.d.M., was die hygrische Determinierung der Höhenstufe und die größere Aridität des Teilgebietes unterstreicht.

Die orodesertische Stufe der Strauchpuna umfasst einen unteren und oberen Abschnitt, in dem zunächst eine *Junellia seriphioides*- und darüber eine *Adesmia spinosissima*-Assoziation herrscht. Zwischen 3500 m ü.d.M. und 3800 m ü.d.M. sind *Baccharis boliviensis*, *Ephedra breana* und *Fabiana denudata* häufig („tola baja"). Nach Regenfällen haben hier *Cistanthe minuscula*, *Crypthanta calycina*, *Tarasa rahmeri* und *Phacelia cumingii* ihren Schwerpunkt, die über Spülfluten auch in tiefere Bereiche eingeschwemmt werden. Im oberen Abschnitt reagieren dagegen *Descurainia stricta* und *Phacelia pinnatifida* rasch auf Regenfälle. Unter den

Perennen bilden *Baccharis tola, Parastrephia quadrangularis* und *P. lucida* bis etwa 4 400 m ü. d. M. eine etwas höhere Strauchformation („tola alta"). *Fabiana ramulosa* konzentriert sich auf den nördlichen, *F. bryoides* auf den südlichen Abschnitt des Gebietes. Am Llullaillaco setzen die dort sehr offenen Tola-Bestände erst bei 4 000 m ü. d. M. ein. Auf steinigen Standorten greifen die vornehmlich tief wurzelnden Sträucher in Horstgrasbestände („ichu") mit stärker verzweigtem Wurzelwerk auf Aschenauflagen über. Im nördlichen und zentralen Bereich wird diese einförmige Graspuna von einer *Festuca chrysophylla*-Gemeinschaft beherrscht, die nach Süden hin in zunehmendem Maße von einem *Stipa frigida*-Komplex abgelöst wird. Erstere reicht ab etwa 3 500 m ü. d. M. bis 4 500 m ü. d. M., letzterer sogar bis 4 900 m ü. d. M. hinauf. Stetiger Begleiter ist *Anatherostipa bomanii* im Norden, während *A. venusta* südlich an Bedeutung gewinnt. *Deyeuxia crispa* zeigt die weiteste Nord-Süd-Verbreitung, bildet aber schon eine altodesertische Charakterart in steinigen, tagsüber erhitzten Nischen.

Als eigentliche Kennarten der altodesertischen Stufe gelten zerstreute, eng dem Boden anliegende Zwergsträucher von *Mulinum crassifolium,* viele ähnliche Kreuzkräuter (*Senecio chrysolepis, S. puchii, S. rosmarinus, S. scorzonerifolius* und *S. viridis*) sowie die krautige *Perezia atacamensis.* Schwerer aufzuspüren sind die winzigen, skurrilen Sprossköpfchen von *Chaetanthera revoluta* und *Ch. sphaeroidalis* mit zarten Fadenwurzeln und von *Nototriche auricoma* und *N. compacta* mit kräftigen Pfahlwurzeln. Nach Süden zu nimmt auch in den Hochlagen die Artenzahl deutlich ab, während im nördlichen bis zentralen Abschnittt *Leucheria pteropogon, Menonvillea virens, Oxalis pycnophylla, Valeriana nivalis* und *Werneria glaberrima* stetig auftreten. Ebenso sind hier noch die Hartpolster von *Azorella compacta* anzutreffen, die an ihrem südlichsten Verbreitungspunkt am Licancabur mit bis zu 2 m Höhe und 5 m Durchmesser erstaunliche Exemplare bilden. Während die „llareta" bis 4 700 m ü. d. M. hinaufreicht, sind die Weichpolster des weiter verbreiteten *Pycnophyllum bryoides* bis zur Obergrenze der Vegetation vertreten. Diese bleibt mit absoluten Maximalhöhen um 5 050 m ü. d. M. hinter feuchttropischen Werten zurück (z. B. 5 300 m ü. d. M. am Chimborazo und 5 900 m ü. d. M. im Himalaya).

Die Obergrenze des Pflanzenwuchses geht hier auf den Verbund aus Kälte, Überhitzung und Niederschlagsmangel zurück. Die Einengung von fünf bis sechs Vegetationsgürteln im Norden auf drei am Llullaillaco bei zugleich geringeren Deckungsgraden (Fig. 5) zeigt für das Umfeld der Trockendiagonale extremste Klimaverhältnisse an (SCHRÖDER & SCHMIDT 1997). Noch weiter nach Süden erfolgt eine steile Absenkung der Vegetationsgrenzen, die mit verlängerten Schneedecken in den Hochlagen und zunehmendem Winterregenanteil einhergeht. Hier erfolgt auch ein entscheidender Wandel im Floreninventar, der sogar in den azonalen Moorkomplexen zum Ausdruck kommt (RUTHSATZ 1993). Auch die Auenvegetation erfährt bereits am Llullaillaco eine Reduktion, indem Kennarten der tiefer gelegenen Bachläufe gänzlich ausbleiben *(Cortaderia atacamensis, Distichlis scoparia, Polypogon interruptus)*, während in den oberen Abschnitten nur noch *Deyeuxia eminens* und *Oxychloe andina* dominieren. Bemerkenswert ist schließlich das Fehlen von Bäumen, sieht man von Nutzbeständen mit *Prosopis alba* und *Geoffroea decorticans* im Umfeld des Salar de Atacama und in den Oasen ab. Die Tatsache, dass die in höheren Flussgebieten zu erwartende *Polylepis tomentella* trotz der Existenz potentieller Standorte und kaltzeitlicher Ausweichmöglichkeiten bei etwa 20° 30' S ausfällt, deutet abermals auf eine persistente Aridität im Untersuchungsgebiet hin.

5. Wasserbedarf und Wasserverfügbarkeit

Die Region Antofagasta zeichnet sich seit zwei Jahrzehnten durch überdurchschnittlichen Bevölkerungszuwachs aus. Hieran haben die drei Küstenstädte Antofagasta, Mejillones und Tocopilla sowie die Binnenstädte Calama und Chuquicamata entscheidenden Anteil. Das Hinterland weist dagegen Abwanderungen aus der Salpeterzone und mehreren Gebirgsoasen auf. Schlechte Wasserqualität und Wassermangel werden dabei in steigendem Maße zum Hauptproblem der Region. Der rasch wachsende Bedarf geht auf die Extraktion der Mineralvorkommen zurück, wobei allein die Erlöse aus dem Kupferabbau in der Region mehr als ein Viertel des chilenischen Exportvolumens ausmachen. Gold- und Silbervorkommen ergänzen mit weiteren abbauwürdigen Bodenschätzen das Wirtschaftspotential, das die Región II zur wichtigsten des Landes macht (RICHTER & BÄHR 1998). Die ökonomische Bedeutung wird von Umweltproblemen wie dem Transport großer Massen bei Erzgehalten um 1–2 %, hohem Flächenbedarf des Aushubs über längere Zeit und Depositionen von Aufbereitungsrückständen begleitet. Erschwerend kommt der enorme Wasserverbrauch für die Flotation hinzu, der für die Trennung des Muttergesteins von den Erzen erforderlich ist.

Der Wasserbedarf für die Extraktion mineralischer Rohstoffe und die Lithiumproduktion im Salar de Atacama liegt derweil bei über 8 000 l/s. Nimmt man einen Analogwert für die Landwirtschaft von 6 000 l/s, den (nicht bekannten) Kühlwasserverbrauch für zwei neue Gasturbinenwerke an der Küste und einen steigenden Konsum für die Bevölkerung um 1 500 l/s hinzu, so sind die Kapazitäten der regionalen Wasserspende von ca. 17 000 l/s erreicht (ROMERO & RIVERA 1997). Getragen werden diese Quellen von Tributären des Río Loa und Tiefbohrungen in Aquifere von endorhëischen Becken. Nur teilweise handelt es sich dabei um Träger rezenter Niederschlagsspenden und um juvenile Quellen vulkanischer Natur (Mofetten), also um erneuerbare Ressourcen. Längst werden auch fossile Vorräte angezapft, die als endliche Reserve zu erachten sind. Mit anderen Worten ausgedrückt: Einer Gewinnmaximierung in einer der mineralreichsten Weltregionen steht die weltweit extremste Trockenheit gegenüber, für die das angren-

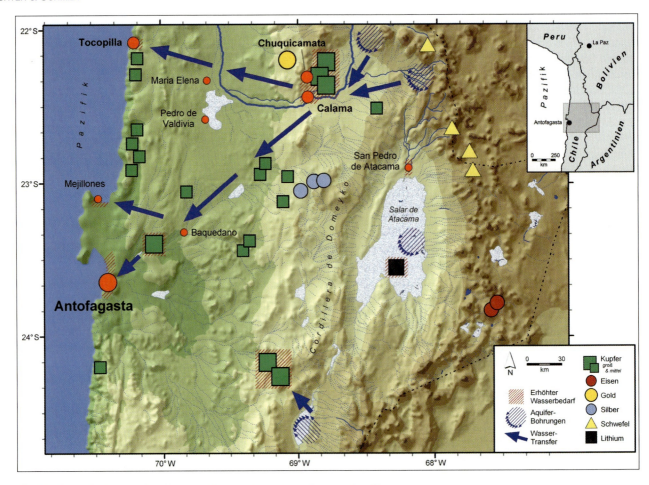

Fig. 6 Wasserherkunft und Zentren des Wasserverbrauchs in der zentralen Atacama
Water origin and centers of water consumption in the central Atacama

zende Gebirge kaum die erwünschte Wasserturmfunktion hergibt.

Nach Vorstellungen der in Chile überaus starken Minenlobby (10 % der Erlöse aus der Kupferproduktion gehen gesetzlich festgelegt dem Militär zu!) lassen sich die absehbaren Defizite durch Neuverteilung der bestehenden Ressourcen und durch Erschließung weiterer Aquifere in kleineren Endbecken auf dem chilenischen Altiplano decken. Im ersten Fall wird an die Reduktion der Wasserbereitstellung für die wenig effiziente Landwirtschaft traditioneller Prägung gedacht. Ihr Verlust würde auf die Zerstörung einer der wenigen überlebenden Indianerkulturen Chiles hinauslaufen. Von ihr sind zwar kaum Impulse für einen Wandel der retardierten Strukturen zu erwarten, diese sind aber im Hinblick auf die Erhaltung einer gewachsenen Kulturlandschaft gar nicht unbedingt erstrebenswert. Noch verheerender wirkt sich die verstärkte Ausschöpfung fossiler Tiefenwässer aus: Die in den kleineren Becken der Hochlagen dürften nach wenigen Jahren erschöpft sein, um dann die größeren Rücklagen im Salar de Atacama über eine verminderte Grundwasser- bzw. Flusszufuhr zu beeinträchtigen.

Angesichts der weltweit zunehmenden Wasserverknappung im 21. Jh. (z. B. IVES & MESSERLI 2001) ist gerade in Trockengebieten wie jenem in Nordchile die Ausschöpfung neuer Möglichkeiten zu forcieren. So können etwa Entsalzungsanlagen in Küstennähe, wie in Colóso im Süden von Antofagasta geplant, zur Entlastung der ökologisch wertvollen Reserven in den Kordilleren der Atacama beitragen. Aber auch Lieferverträge mit bislang in ihrer Bedeutung unterschätzten Nachbarländern wie Bolivien sind in Erwägung zu ziehen. Noch scheint es in Chile anders als bei fossilen Brennstoffen Verständnismängel bei der Werteinschätzung eines vermeintlich profanen Rohstoffes zu geben – aber auch hier wird Wassermangel zum Einstellungswandel gegenüber dem „essentiellen Lebensmittel" (HERBERS 1999) führen.

Literatur

Abele, G. (1987): Das Relief der Andenwestflanke bei Antofagasta (Nordchile) unter dem Einfluß langfristiger und extremer Trockenheit. Erdkunde, 41: 299–310.

Abele, G. (1989): Hygrisches Klima und Talbildung auf der Westflanke der zentralen Anden. Geoökodynamik, 10: 253–276.

Abele, G. (1990): Salzkrusten, salzbedingte Solifluktion und Steinsalzkarst in der nordchilenisch-peruanischen Wüste. Mainzer Geogr. Studien, 34: 23–46.

Abele, G. (1993): Die Zertalung der nordchilenischen Anden in ihrer Abhängigkeit von Klima, Tektonik und Vulkanismus. Innsbrucker Geogr. Studien, 10: 15–28.

Ammann, C. (1996): Aktuelle Niederschlagsmuster. Geographica Bernensia, G 46: 81–127 [Climate Change in den trockenen Anden].

Grosjean, M., Messerli, B., & H. Schreier (1991): Seenhochstände, Bodenbildung und Vergletscherung im Altiplano Nordchiles. Bamberger Geogr. Schr., 11: 99–108.

Herbers, H. (1999): Wasser als kritischer Faktor der Ernährungssicherung. Erdkunde, 53: 35–47.

Hintermayr, H. (1997): Die periglaziale Höhenstufe an der Westseite der nordchilenischen Hochanden zwischen 22° und 27° s. Br. Unveröffentl. Examensarb. am Geogr. Inst. Erlangen.

Hirschmann, J. (1973): Records on solar radiation in Chile. Solar Energy, 14: 129–145.

Ives, J. D., & B. Messerli (2001): Perspektiven für die zukünftige Gebirgsforschung. Geogr. Rundschau, 53 (12): 4–7.

Jacobeit, J. (1992): Die großräumige Höhenströmung in der Hauptregenzeit feuchter und trockener Jahre über dem südamerikanischen Altiplano. Met. Zeitschr., NF1, 6: 276–284.

Jenny, B., & K. Kammer (1996): Jungquartäre Vergletscherungen. Geographica Bernensia, G 46: 1–80 [Climate Change in den trockenen Anden].

Jenny, B., Kammer, K., & B. Messerli (2001): Anmerkungen zu Schröder, H. (1999): Vergleichende Periglazialmorphologie im Sommerregengebiet der Atacama. Erdkunde, 55: 288–289.

Marticorena, C., Matthei, O., Rodríguez, R., Kalin Arroyo, M. T., Muñoz, M., Squeo, F., & G. Arancio (1998): Catálogo de la flora vascular de la Segunda Región, Chile. Gayana Bot., 55: 23–83.

Messerli, B., Ammann, C., Geyh, M. A., Grosjean, M., Jenny, B., Kammer, K., & M. Vuille (1998): The problem of the "Andean Dry Diagonal": Current precipitation, late Pleistocene snow line, and lake level changes in the Atacama Altiplano (18° S–28/29° S). Bamberger Geogr. Schr., 15: 17–34.

Messerli, B., Grosjean, M., Bonani, G., Bürgi, A., Geyh, M. A., Graf, K., Ramseyer, K., Romero, H., Schotterer, U., Schreier, H., & M. Vuille (1993): Climate change and natural resource dynamics of the Atacama Altiplano during the last 18 000 years: a preliminary synthesis. Mount. Res. Develop., 13 (2): 117–127.

Mortensen, H. (1927): Der Formenschatz der nordchilenischen Wüste. Berlin. = Abhandl. Ges. Wiss. Göttingen, 12.

Piazena, H. (1996): The effect of altitude upon the solar UV-B and UV-A irradiance in the tropical Chilean Andes. Solar Energy, 57: 133–140.

Rao, G. V,. & S. Erdogan (1989): The atmospheric heat source over the Bolivian Plateau for a mean January. Boundary Layer Meteorology, 46: 13–33.

Richter, M. (1995): Klimaökologische Merkmale der Küstenkordillere in der Region Antofagasta. Geoökodynamik, 16: 283–332.

Richter, M. (1996): Klimatologische und pflanzenmorphologische Vertikalgradienten in Hochgebirgen. Erdkunde, 50: 205–237.

Richter, M. (1999): Merkmale der Artenvielfalt in Hochgebirgen: Der Einfluß von Luftströmungen und hygrothermischen Vorgaben. Geographica Helvetica, 54: 208–209.

Richter, M. (2001): Vegetationszonen der Erde. Gotha und Stuttgart.

Richter, M., & J. Bähr (1998): Risiken und Erfordernisse einer umweltverträglichen Ressourcennutzung in Chile. Geogr. Rundschau, 50 (4): 641–648.

Richter, M., & H. Schröder (1998): Remarks on the paleoecology of the Atacama based on the distribution of recent geomorphological and phytogeographical patterns. Bamberger Geogr. Schr., 15: 57–69.

Richter, M., Schmidt, D., & H.-G. Wilke (1993): Das Unwetter von Antofagasta. Praxis Geographie, 23: 44–47.

Romero, H., & A. Rivera (1999): Antecedentes paleoambientales para el desarollo sustenable de la Región Antofagasta, Chile. Bamberger Geogr. Schr., 15: 335–349.

Schmidt, D. (1999): Das Extremklima der nordchilenischen Hochatacama unter besonderer Berücksichtigung der Höhengradienten. Dresden. = Dresdener Geogr. Beitr., 4.

Schröder, H. (1999): Vergleichende Periglazialmorphologie im Sommerregengebiet der Atacama. Erdkunde, 53: 119–135.

Schröder, H. (2001): Kommentar zu den Anmerkungen von B. Jenny, K. Kammer u. B. Messerli. Erdkunde, 55: 289–291.

Schröder, H., & D. Schmidt (1997): Klimamorphologie und Morphogenese am Llullaillaco (Chile/Argentinien). Mitt. d. Fränkischen Geogr. Ges., 44: 225–258.

Schröder, H., & M. Makki (1998): Das Periglazial des Llullaillaco. Petermanns Geogr. Mitt., 142: 67–84.

Schröder, H., Makki, M., & M. Ciutura (1996): Die Zusammensetzung und morphologische Wirksamkeit der Salze in der ariden Höhenregion der Atacama (Chile). Mitt. d. Fränkischen Geogr. Ges., 43: 259–273.

Veit, H. (2000): Klima- und Landschaftswandel in der Atacama. Geogr. Rundschau, 52 (9): 4–9.

Villagrán, C., Armesto, J. J., & M. T. Kalin Arroyo (1981): Vegetation in a high Andean transect between Turi and Cerro León in Northern Chile. Vegetatio, 48: 3–16.

Vuille, M. (1996): Zur raumzeitlichen Dynamik von Schneefall und Ausaperung im Bereich des südlichen Altiplanos, Südamerika. Geographica Bernensia, G 45.

Weischet, W. (1969): Klimatologische Regeln zur Vertikalverteilung der Niederschläge in Tropengebirgen. Die Erde, 100: 287–306.

Wildi, O., & L. Orloci (1990): Numerical exploration of community patterns. Den Haag.

Wilkes, E. (1991): Die Geologie der Cordillera de la Sal. Berlin. = Berliner Geowissensch. Abh., 128.

Yacono, D. (1968): L'Ahaggar – essai sur le climat montagne au Sahara. Algier. = Trav. Inst. Rech. Sahariennes, 27.

Manuskriptannahme: 2. Mai 2002

Prof. Dr. Michael Richter, Friedrich-Alexander-Universität Erlangen-Nürnberg, Institut für Geographie, Kochstraße 4/4, 91341 Erlangen
E-Mail: mrichter@geographie.uni-erlangen.de

Dr. Dieter Schmidt, Technische Universität Dresden, Institut für Geographie, 01062 Dresden
E-Mail: dieter.schmidt@mailbox.tu-dresden.de

Hypsometrie der Kontinente

Die hypsometrische Kurve der Erde, die die kumulative Flächenverteilung der fünf maßgeblichen Höhen- und Tiefenzonen aufzeigt, belegt in Figur 1 (links) hohe Anteile für die Ozeanböden zwischen −6000 m und −4000 m (41 %) sowie für die Kontinentalplattformen zwischen −200 m und +2000 m (31 %). Die Kontinenalabhänge mit den ozeanischen Rücken nehmen eine Mittelstellung ein (20 %). Tiefseegräben unter −6000 m und Hochgebirge über 2000 m beschränken sich auf Anteile von 5 bzw. 3 %. Nicht nur unter diesem Aspekt nehmen Hochlagen geringe Flächen ein; auch der Anteil oberhalb der mittleren Höhe der Landmassen (= 425 m ü. d. M.) beträgt lediglich 17 %. Noch etwas geringer ist demnach jener von Gebirgen, die üblicherweise als Komplexe mit Höhen über 500 m definiert werden. Hochgebirge im engeren Sinne, d. h. Gebirge, in deren Hochlagen eine obere Waldgrenze erreicht wird, kryoturbative Prozesse prägend sind und/oder welche eiszeitlich vergletschert waren, nehmen nicht einmal 20 % der Landfläche bzw. 6 % der Erdoberfläche ein. Dennoch ist ihre Rolle unbestritten, wenn man berücksichtigt, dass rund ein Zehntel der Weltbevölkerung unmittelbar *in* und rund die Hälfte *von* Hochgebirgen lebt (Wasser, Energie, Holz etc.).

Diese Angaben spiegeln die Realität aber nur grob wider, solange die kontinentalen Anteile unberücksichtigt bleiben. So mag bei eurozentrischer Sicht angesichts der Alpen, Skanden, Karpaten, Pyrenäen, des Apennin und der Balkan-Gebirge erstaunen, dass Europa mit einer mittleren Höhe um 220 m letztlich der „niedrigste" aller Kontinente ist (Fig. 1, rechts). Im Gegenzug muten die vergleichsweise hohen Analogwerte für Mittelamerika (795 m) oder für die Antarktis (2410 m) ähnlich überraschend an wie die deutlich geringeren mittleren Höhen für Asien und Südamerika – also jenen zwei Kontinenten, die eigentlich über die größten und bekanntesten Gebirgszüge wie auch die höchsten Berge verfügen.

Die in Figur 2 gezeigte Darstellung der Höhenverteilung auf Kontinenten (hier ohne Grönland und Antarktis mit ihren mächtigen Eismassen) erfolgt jeweils in Stabdiagrammen mit 100-m- und in Kreisdiagrammen mit 1000-m-Höhenschritten in relativen Flächenanteilen sowie mit absoluten Flächenangaben. Die Daten für die Berechnungen sind den Global Topographic Data entnommen (http://www.EDCDAAC.USGS.GOV/gtopo30/gtopo30.html). Bei ausführlicher Betrachtung ergeben sich für jeden Kontinent charakteristische Eigenheiten, die ihn von anderen unterscheiden.

So fällt in Europa der überproportionale Flachlandanteil aufgrund der osteuropäischen Tiefebenen auf (<500 m ü. d. M.: 81,6 %). In Südamerika schaffen die riesigen Flussebenen von Amazonas, Orinoco und Paraná vergleichbare Verhältnisse (<500 m ü. d. M.: 70,1 %); jedoch sticht hier der größere Hochgebirgsanteil mit dem Hochplateau des Altiplano im 4-km-Niveau heraus. Dies gilt auch für Asien, wo das Hochland von Tibet zwischen 4 und 5 km für einen vorübergehenden Flächenzuwachs in großen Höhen sorgt. Trotz des erhöhten Flächenanteils oberhalb 1000 m bedingen aber hier die sibirischen Tiefländer ebenfalls einen beachtlichen Anteil von 51 % unterhalb 500 m ü. d. M. Somit steht Asien bei der mittleren Höhe hinter Afrika und Mittelamerika, wo im ersten Fall der Betrag um 510 m (Fig. 1, rechts) auf die Hochländer Ostafrikas und ferner auf die alten Schilde zurückgeht. Beim noch höheren Analogwert von Mittelamerika fallen die Hochländer in Mexico und Guatemala ins Gewicht. Nordamerika ähnelt den afrikanischen Verhältnissen, wobei neben den Gebirgsketten im Westen und den dazwischen liegenden Plateaus ebenfalls alte Schilde zur leichten Anhebung der Basis beitragen. Beim niedrigsten Kontinent

Fig. 1 Hypsometrische Kurve der Erdoberfläche (links) und kumulative Höhenverteilung in 100-m-Schritten für ausgewählte Kontinente (rechts) mit mittleren Höhen für alle Kontinente (mit Grönland und Antarktis)

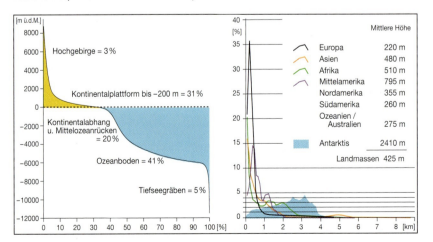

Statistik

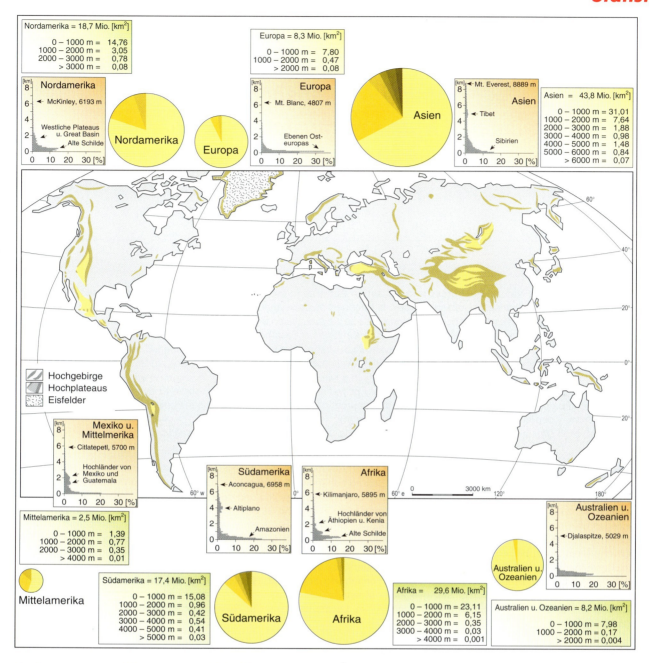

Fig. 2 Gebirgszüge und hypsometrische Merkmale der Kontinente (ohne Grönland und Antarktis; berechnet nach Daten der GTOPO 30 durch R. Kastner)

Australien sorgt die Einbeziehung von Neuguinea und Neuseeland für eine deutliche Aufwertung des Gebirgsanteils.

Die Auswirkungen großer Massenerhebungen gehen allerdings nur bedingt mit der Hypsometrie der Kontinente einher. So binden sich Niederschlags- und Abflussmengen als wichtige Steuerfaktoren des „Highland-Lowland Interactive System" eher an die Gebirgspositionen als an die Höhenverteilung: Bezüge gelten am ehesten für Australien, dessen relative Aridität auf das weitgehende Fehlen ausgeprägter Gebirge zurückgeht. Die ebenfalls verbreitete Trockenheit in Afrika beruht dagegen weniger auf einem Gebirgsmangel als auf der Einzelbergstruktur in Ostafrika und auf Blockadeeffekten (Atlas, Drakensberge). Demgegenüber sind die lang gestreckten Großgebirge der Anden oder des Himalaya optimal zu feuchten Strömungen ausgerichtet, verdanken doch nach Abregnen von Passat- bzw. Monsunniederschlägen die angeschlossenen großen Flusssysteme Teile ihres Aufkommens. Gerade die Anden bergen zwar erhebliche hydrologische Konsequenzen für das tropische Vorland, jedoch spielt die Form der schmalen, aber lang gestreckten Gebirgsmauer die entscheidende Rolle – weniger die eher realtiv bescheidene Gesamtmassenerhebung des Kontinents. Vergleichsweise am geringsten ist die Wasserturmfunktion der Hochgebirge in den ohnehin humiden Bereichen der gemäßigten und hohen Breiten.

Michael Richter, Erlangen

Maloti-Drakensberg: Naturraum und Nutzungsmuster im Hochgebirge des südlichen Afrika

Marcus Nüsser

5 Figuren im Text

Maloti-Drakensberg: Natural Resources and Utilization Patterns in the High Mountains of Southern Africa
Abstract: The mountain plateau of eastern Lesotho is bounded by the rugged barrier of the High Drakensberg, the most prominent part of the Great Escarpment of southern Africa. This paper focuses on the contrasting climatic conditions, vegetation types and different systems of resource utilization between the highlands of Lesotho and the adjoining lowlands of South Africa's province KwaZulu/Natal. Whereas the high altitude grasslands of Lesotho are used as pastures managed under a common property regime, the mountain forests and grasslands of the High Drakensberg in South Africa are managed as protected areas and the adjoining lowlands are used as farmland. Recent efforts in environmental conservation concentrate on the implementation of a "Transfrontier Conservation Area". Repeat photography of wetlands and fire succession serve to demonstrate seasonal variations of resource potentials and multifunctionality of resource utilization. Human-ecological studies of land use and land cover change strongly depend on appropriate monitoring concepts.
Keywords: High Drakensberg, Lesotho, southern Africa, land use patterns, resource degradation, landscape dynamics, human ecology

Zusammenfassung: Das Hochplateau des östlichen Lesotho wird durch die Drakensberge begrenzt, die den höchsten Teil der Großen Randstufe des südlichen Afrika bilden. Der Beitrag behandelt die unterschiedlichen klimatischen Voraussetzungen, Vegetationstypen und Nutzungssysteme zwischen dem Hochland von Lesotho und dem angrenzenden Tiefland der südafrikanischen Provinz KwaZulu/Natal. Während das Höhengrasland von Lesotho als gemeinschaftliches Weidegebiet genutzt wird, unterliegen die Bergwälder und -savannen der südafrikanischen Drakensberge einem weitgehenden Ressourcenschutz, und das angrenzende Tiefland wird als Farmland genutzt. Aktuelle Entwicklungen im Bereich des Ressourcenschutzes zielen auf die Einrichtung eines grenzüberschreitenden Schutzgebietes ab *(Transfrontier Conservation Area)*. Am Beispiel fotografischer Wiederholungsaufnahmen eines Feuchtgebietes und einer Feuersukzession werden saisonale Variationen von Ressourcenpotentialen und die Multifunktionalität im Bereich der Ressourcennutzung aufgezeigt. Humanökologische Studien zu Landnutzung und Landschaftswandel erfordern den Einsatz geeigneter Monitoringkonzepte.
Schlüsselwörter: Drakensberge, Lesotho, südliches Afrika, Landnutzungsmuster, Ressourcendegradation, Landschaftsdynamik, Humanökologie

1. Einleitung

In der internationalen Diskussion zu Landnutzungsveränderungen und Landschaftswandel *(Land Use and Land Cover Change)* in Gebirgsräumen finden die Hochgebirge des südlichen Afrika nur wenig Berücksichtigung. Dabei können die südafrikanischen Drakensberge und das angrenzende Hochland des Binnenstaates Lesotho als ein geeignetes regionales Fallspiel für humanökologische Analysen zur Ressourcennutzung und zu Fragen der Nachhaltigkeit gelten. Die Drakensberge bilden nicht nur eine markante Gebirgsbarriere mit ausgeprägtem Klimawandel und klarer Vegetationshöhenstufung, sondern zwischen dem Hochplateau von Lesotho (Maloti Mountains) und dem Tiefland der südafrikanischen Provinz KwaZulu/Natal bestehen auffällige und historisch begründete Unterschiede in den Nutzungssystemen. Während das Höhengrasland in Lesotho durch extensive Weidewirtschaft im Sinne eines *Common Property Regime* genutzt wird, ist die Landnutzung auf der Ostabdachung der Drakensberge durch großflächige Naturschutzgebiete im Bereich der Bergwälder und -savannen sowie durch eine intensive Farmwirtschaft in der Fußstufe gekennzeichnet. Die damit verbundenen unterschiedlichen Agrarsozialstrukturen bilden ein charakteristisches Merkmal des heterogen strukturierten Landnutzungsgefüges und sind als Hintergrund für Nutzungskonflikte in diesem Gebirgsraum anzusehen.

Vor dem Hintergrund weit fortgeschrittener Planungen zur Einbindung des östlichen Lesotho in den bestehenden uKhahlamba Drakensberg Park auf südafrikanischer Seite stellen sich Fragen nach den Entwicklungsperspektiven der Landnutzung im Rahmen einer grenzüberschreitenden *Transfrontier Conservation Area*. Damit sind vor allem die Perspektiven der Existenzsi-

Hochgebirge

cherung durch traditionelle Nutzungsmuster und die Partizipationsmöglichkeiten der im Hochland lebenden Basotho-Bevölkerung an der zukünftigen Entwicklung angesprochen.

2. Naturräumliche Differenzierung und Ressourcenausstattung

Der südafrikanische Hochgebirgsraum umfasst das plateauartige Hochland von Lesotho mit der Großen Randstufe *(Great Escarpment)* im Bereich der Drakensberge und das nach Osten abdachende Bergland von Kwa-Zulu/Natal. Das Plateau stellt die rezente Oberfläche von Flutbasaltdecken aus dem Jura dar. Diese weisen eine Gesamtmächtigkeit von bis zu 1400 m auf und überdecken die feinkörnigen Clarens-Sandsteine (ca. 1800–2200 m) und andere Formationen der sog. Karroo-Supergruppe (VILJOEN & REIMOLD 1999). Die über eine Länge von etwa 200 km von Nord nach Süd verlaufenden Drakensberge lassen sich in einen nordostexponierten *Northern Berg* und einen südostexponierten *Southern Berg* gliedern, die im nach Osten vorspringenden Sporn um Giant's Castle (3314 m) zusammenlaufen. Das Escarpment, dessen Kante markante Gipfel und Felsvorsprünge aufweist (Fig. 1), bildet einen Teil der kontinentalen Wasserscheide zwischen Atlantik und Indischem Ozean. Mit 3482 m ist der etwa 5 km westlich der Kammlinie gelegene Thabana Ntlenyana die höchste Erhebung des südlichen Afrika.

Quer zur Gebirgsbarriere vollzieht sich auf kurze Distanzen ein ausgeprägter klimatischer Wandel aufgrund der Höhendifferenz und entsprechend starker Temperatur- und Niederschlagsgradienten (Fig. 2). Die durchschnittlichen Jahresniederschläge reichen von 1250 mm in der Fußstufe um 1400 m bis zu einem Maximum von über 2000 mm in einer Höhe von 2300 m. Dagegen werden an der Escarpment-Kante bei etwa 2900 m nur noch 1600 mm verzeichnet, und der im Regenschatten der Gebirgsmauer liegende Ort Mokhotlong im Osten Lesothos erhält lediglich durchschnittliche Jahresniederschläge von 575 mm (KILLICK 1963, 1978). Für das gesamte Gebiet sind starke saisonale Unterschiede im Niederschlagsregime kennzeichnend. Etwa 80% der Jahresniederschläge fallen zwischen Oktober und März, womit feuchte Bedingungen mit häufigen Gewittern und anhaltenden Nebelperioden während der Vegetationsperiode gegeben sind (KILLICK 1978). In den trockenen Wintermonaten ist auf dem Plateau mit Schneefällen zu rechnen, und in einzelnen Jahren treten dort mehrmonatige Schneedecken auf.

Die Vegetationsverteilung am Escarpment folgt prinzipiell einer vertikalen Klimagliederung und wird durch Expositionsunterschiede sowie anthropogenen Einfluss modifiziert. Der Wirkung von natürlich auftretenden und gelegten Feuern kommt dabei eine große Bedeutung zu. Zwischen etwa 1600 und 2750 m werden die Hänge weitflächig von subtropischen Gras-Bergsavannen bedeckt, in denen *Themeda triandra* dominiert. Bei relativ

Fig. 1 Die Große Randstufe im Bereich der nördlichen Drakensberge. Die Hänge zwischen der Eastern Buttress (3011 m) und der tief eingeschnittenen Schlucht des oberen Tugela (ca. 1700 m) werden im untersten Bereich von *Podocarpus latifolius*-Wäldern und darüber von *Themeda triandra*-Grasland bedeckt.
The Great Escarpment in the northern Drakensberg. The slopes between the Eastern Buttress (3,011 m) and the deeply incised upper Tugela gorge (c. 1,700 m) are taken up, in their lower parts, by *Podocarpus latifolius* forests, and above it by *Themeda trianda* grassland.

geringerer Frequenz und Intensität des Feuerregimes werden einzelne Hänge bis etwa 2400 m von offenen *Protea*-Baumavannen eingenommen, in denen *Protea caffra* und *P. roupelliae* sowie der feuerresistente Strauch *P. dracomontana* auftreten. Daneben ist *Leucosidea sericea* als flussbegleitendes Gehölz bis maximal 2500 m charakteristisch. Im Bereich der südlichen Drakensberge ist *Aloe ferox* lokal auf steilen nordexponierten Felshängen vertreten (HILLIARD & BURTT 1987). Kleine Waldreste mit *Podocarpus latifolius, Olinia emarginata, Buddleia salviifolia* und *Bowkeria verticillata* bleiben auf enge Täler und südexponierte Standorte unterhalb von 2000 m beschränkt und haben ihren Verbreitungsschwerpunkt in den nördlichen Drakensbergen.

Die Vegetation des baumfreien Hochplateaus von Lesotho oberhalb von 2850 m besteht aus Grasland, Zwerggesträuchen und offenen Schutt- und Felsgesellschaften. Das Grasland wird von den Arten *Merxmuellera disticha, Festuca caprina, Pentaschistis oreodoxa*

Fig. 2

Karte und Satellitenbilder des Untersuchungsgebietes. Die Grenze zwischen dem östlichen Hochland von Lesotho und der südafrikanischen Provinz KwaZulu/Natal verläuft entlang der Drakensberge. Über den Sani-Pass (2 873 m) besteht die wichtigste Verbindung zwischen dem peripheren Hochland und dem Tiefland in Südafrika (A; Kartengrundlage: Southern Africa, 1 : 500 000, 2928, Durban [1994]). Die Landsat-TM-Bilder (4, 3, 2 = RGB) vom 31.5.1996 (B) und vom 5.3.1999 (C) zeigen deutliche regionale Unterschiede in der Vegetationsbedeckung und Landnutzung zwischen dem extensiv als Weidegebiet genutzten Höhengrasland Lesothos, den Bergsavannen der Ostabdachung und dem intensiv genutzten Agrarland um die Orte Himeville und Underberg im Südosten der Ausschnitte. Darüber hinaus belegt der Vergleich der Satellitenbilder die starke saisonale Variation zwischen den Aufnahmezeitpunkten. In der Aufnahme aus dem Mai 1996 (B) weisen die Hochlagen zwischen Giant's Castle und Thabana Ntlenyana eine beginnende Schneebedeckung am Anfang des Winters auf. Im Giant's Castle Game Reserve sowie im Loteni Nature Reserve im zentralen Bereich der Ostabdachung sind große Flächen der Bergsavannen frisch gebrannt und als dunkelgrüne Areale erkennbar. Die Szene aus dem Spätsommer 1999 (C) zeigt die Bergsavannen der Drakensberge in verschiedenen Rottönen. Während der feuchtwarmen Vegetationsperiode erscheint das Grasland des Hochplateaus flächenhaft türkis. Die kleinflächigen Feuchtgebiete der oberen Einzugsgebiete werden durch die intensive Rotfärbung deutlich.

Map and satellite imagery of the study area. The border between the eastern highlands of Lesotho and the South-African Province of KwaZulu/Natal, follows the High Drakensberg. The most important link between the peripheric highland and the South African lowlands (A; base map: Southern Africa, 1 : 500,000, 2928, Durban [1994]) crosses Sani Pass (2,873 m). The Landsat TM images (RGB 4, 3, 2) of 31 May 1996 (B) and 5 March 1999 (C) clearly show the regional differences in vegetation cover and land use between the high mountain grassland of Lesotho, extensively used as pasture, the mountain savannas of the eastern slope, and the intensively used agricultural lands around Himeville and Underberg to the southeast. Comparison of the two satellite images also shows the high seasonal variation between the recording dates. In the May 1996 scene (A) the high areas between Giant's Castle and Thabana Ntlenyana already show the first winter snow. In Giant's Castle Game Reserve and the Loteni Nature Reserve, in the central part of the eastern slope, large areas of the mountain savanna, shown in dark green, have been freshly burned. The scene of late summer 1999 (C) shows the mountain savannas of the High Drakensberg in various red tints. During the wet and warm vegetation period the grassland of the high plateaus appears in turquoise colour. The small wet areas of the higher parts of the catchments show in intensive red.

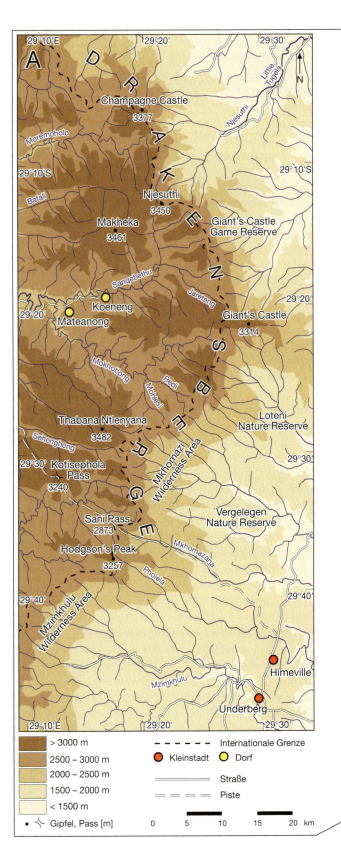

und *Harpochloa falx* dominiert; an Zwergsträuchern überwiegen *Helichrysum trilineatum, Erica dominans, Chrysocoma ciliata* und *Pentzia cooperi*. Abgesehen von ökologischen und topographischen Standortfaktoren, wird die Zusammensetzung und Verteilung der Vegetationstypen durch die Nutzungsintensität bestimmt. Eine starke Beweidung fördert die Ausbreitung von *Chrysocoma ciliata* und *Pentzia cooperi* (MORRIS et al. 1989, 1993). Auf dem baumfreien Hochplateau sind die Hirten auf das Sammeln von Zwerggesträuchern angewiesen, die neben der Nutzung von Dung die einzige Energieressource zum Kochen und Heizen bilden. An hygrisch begünstigten Standorten sind Bestände des Tussockgrases *Merxmuellera drakensbergensis* charakteristisch. Im Bereich der oberen Talschlüsse treten scharf begrenzte Feuchtgebiete auf (Fig. 3), deren ökologische Bedeutung und Gefährdung durch Übernutzung herausgestellt wird (VAN ZINDEREN BAKKER 1955, JACOT GUILLARMOD 1969, VAN ZINDEREN BAKKER & WERGER 1974, GROBBELAAR & STEGMANN 1987, BACKÉUS 1989, MEAKINS & DUCKETT 1993, GRAB & MORRIS 1999). Die artenreiche Vegetation der Feuchtgebiete enthält vor allem Gramineae (*Agrostis* spp., *Poa annua*) und Cyperaceae (*Scirpus falsus, S. ficinioides, Isolepis fluitans, Schoenoxi-*

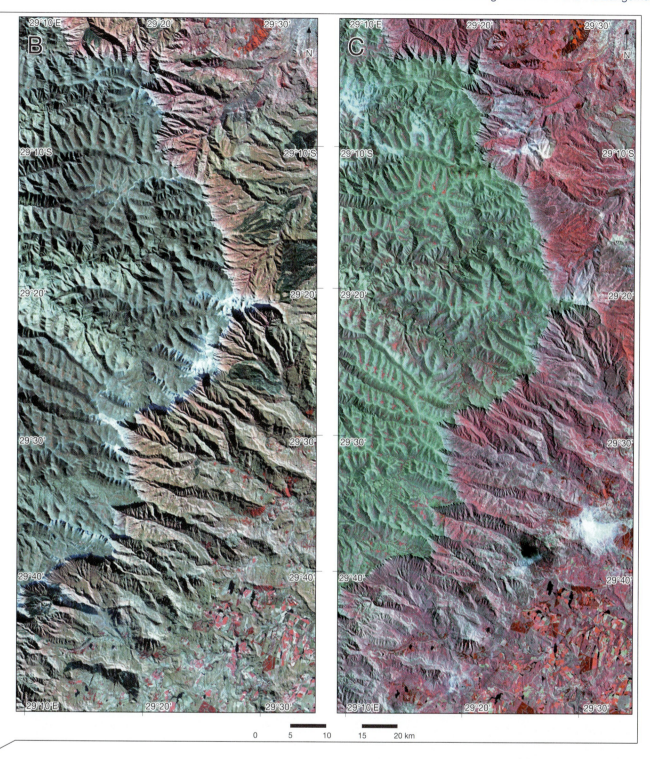

phium filiforme). Semiaquatische Standorte werden von *Limosella inflata, Aponogeton ranunculiflorus, Ranunculus meyeri* und *Kniphofia caulescens* dominiert.

3. Siedlungsprozesse und Ressourcennutzung

Sowohl die südafrikanische Fußstufe der Drakensberge als auch das Hochland von Lesotho sind durch junge Besiedlung gekennzeichnet. Allerdings unterscheiden sich die Entwicklungen in beiden Ländern aufgrund ihrer sozioökonomischen Rahmenbedingungen. Nachdem Natal 1842 britische Kolonie wurde, setzte die Besiedlung durch weiße Farmer zunächst in der Fußstufe der nördlichen Drakensberge ein. Infolge zunehmender territorialer Konflikte zwischen weißen Siedlern, Zulu und den auf der Wildbeuterstufe lebenden San-Gruppen („Buschmänner") wies die britische Kolonialverwaltung um 1850 Gebiete in den nördlichen Drakensbergen aus, die den Zulu als Siedlungsflächen zugewiesen und Anfang der 1960er Jahre in das Homeland KwaZulu integriert wurden. Neben der Beschränkung von Siedlungs- und Kulturland für die kleinbäuerlichen Zulu-Gruppen

dienten diese Areale *(Upper Tugela Location, Drakensberg Locations)* in den Anfängen als Puffer zwischen weißem Farmland und dem Gebiet der für häufigen Viehdiebstahl bekannten San (WRIGHT 1971, WIESE 1985). Bis in die Gegenwart sind diese Gebiete durch hohe Bevölkerungsdichten und Landmangel gekennzeichnet (KIEPLIN & QUINLAN 1999). Im südöstlichen Vorland der Drakensberge setzte die Entwicklung der Farmwirtschaft aufgrund ungünstigerer naturräumlicher Voraussetzungen und schlechterer Erreichbarkeit erst im Jahre 1886 ein (MCKENZIE 1946). Nachfolgend entwickelten sich die Orte Himeville und Underberg zu ländlichen Zentren einer vornehmlich auf Tierhaltung basierenden Agrarlandschaft.

Gegen Anfang des 20. Jh. begannen erste Naturschutzmaßnahmen im Bereich der Drakensberge. Das Staatsland um den Giant's Castle wurde 1907 als *Game Reserve* proklamiert, und etwa zeitgleich wurde die im Norden der Drakensberge gelegene Region als Nationalpark Royal Natal ausgewiesen. Ähnlich wie bei der landwirtschaftlichen Erschließung setzte auch die Entwicklung von Ressourcenschutzmaßnahmen in den südöstlichen Drakensbergen später ein, und es kam erst 1951 zur Übergabe der südlich von Giant's Castle gelegenen Gebiete an die Forstbehörde und nachfolgend zur Einrichtung des Loteni Nature Reserve (Natal Parks Board 1995). Mit der Zunahme des Tourismus wurden seit den 1960er Jahren Managementpläne und Nutzungsrichtlinien für die Schutzgebiete durch den Natal Parks Board (seit 1997 KwaZulu Natal Nature Conservation Board) festgelegt (PHELAN 1976). Durch systematischen Zukauf von Farmland wurden die Schutzgebiete erweitert und bilden als uKhahlamba Drakensberg Park einen weitgehend zusammenhängenden Gürtel mit einer Größe von 250 000 ha, der nur im Bereich der erwähnten ehemaligen Homelands *(Upper Tugela Location)* unterbrochen wird (Natal Parks Board 1995). Innerhalb der Schutzgebiete werden die Bergsavannen regelmäßig kontrolliert gebrannt, um trockenes Pflanzenmaterial zu reduzieren (Fig. 2b). Daneben sind auch natürliche Feuer häufig (NÄNNI 1969, Natal Parks Board 1985, 1997).

Im Hochland von Lesotho setzte die Besiedlung durch Basotho-Gruppen nach 1880 ein. Bis dahin nutzten ausschließlich kleine Gruppen von San das Hochland als Rückzugs- und Jagdgebiet. Mangel an Weideflächen und starke Degradation im Tiefland von Lesotho führten zur Entwicklung eines transhumanten Wanderungsmusters, das siedlungsnahe Winterweiden mit Sommerweiden in den Gebirgstälern verband (QUINLAN & MORRIS 1994, QUINLAN 1995). Seit Beginn des 20. Jh. entwickelten sich aus den verstreuten Weideposten feste Dörfer bis 2 500 m; neue Weideposten wurden in den höheren Tributären angelegt und zum Teil ganzjährig genutzt (STAPLES & HUDSON 1938, NÜSSER 2001). Zur Verbesserung der Weiden wird das Höhengrasland von den Hirten ebenfalls gebrannt (Fig. 4), jedoch in anderen Frequenzen als am Escarpment. Ein weiterer Grund für das illegale, aber trotzdem weit verbreitete Brennen besteht darin, dass der Geruch des gebrannten Grases nach Aussage der Hirten die Schakale von den über Nacht eingepferchten Schafen und Ziegen abhält. Abhängig vom Zeitpunkt und der Frequenz der Brände lassen sich deutliche Degradierungserscheinungen feststellen. Doch lässt sich am Beispiel des Sanqebethu-Tales (westlich von Giant's Castle) ein deutlicher Rückgang der weidewirtschaftlichen Nutzungsintensität im Verlauf der jüngsten 10 Jahre aufzeigen (NÜSSER 2002).

4. Schlussfolgerungen und Ausblick

Landschaftliche Diversität mit ausgeprägten räumlichen und saisonalen Variationen und differenzierten Nutzungsmustern kennzeichnet die Hochgebirgsregion (Fig. 5). Auf beiden Seiten des Escarpments haben sich unterschiedliche Formen und rechtliche Voraussetzungen der Landnutzung entwickelt, die bei den aktuellen Planungen eines grenzüberschreitenden Ressourcenschutzes ein zentrales Problem bilden. Die angestrebte Einbeziehung des Hochlandes von Lesotho in einen integrierten Ressourcenschutz orientiert sich auch an der Realisierung eines integrierten Wasserschutzkonzeptes für das groß angelegte *Lesotho Highlands Water Project* (NÜSSER 2001). Bei der Umsetzung von Naturschutzkonzepten kann Südafrika auf vielfältige Erfahrungen zurückblicken, doch zeigt die Integration der ehemaligen Homeland-Gebiete auch Schwierigkeiten, die aus den früheren Apartheid-Strukturen resultieren. Die Vorausset-

Fig. 3
Multitemporale Bildvergleiche eines Feuchtgebietes am Sani-Pass. Überblicksaufnahmen (3 080 m): 20. 4. 1999 (A), 29. 8. 1999 (B); Detailaufnahmen (2 850 m): 8. 9. 1998 (C), 4. 3. 1999 (D), 29. 8. 1999 (E), 9. 3. 2000 (F; Fotos: NÜSSER). Saisonalität als typischer Klima- und Vegetationsfaktor. Im vorliegenden Beispiel eines Feuchtgebietes in der Nähe des Sani-Passes sind in den Landschaftsaufnahmen (A, B) scharf abgegrenzte Areale erkennbar, die als Weideflächen intensiv und ganzjährig genutzt werden. Aufgrund hoher Tierzahlen ergeben sich zum Teil starke Überweidungserscheinungen. Die Detailaufnahmen zeigen die in weiten Bereichen von 10–20 cm tiefen Depressionen überzogene Oberfläche des Feuchtgebietes in Form einer Sequenz aus zwei Jahren (C, D, E, F). Die während des Sommers wasserbedeckten und im Winter trocken fallenden Erosionsformen entstehen aus einem Zusammenspiel von Frostwechseln, Wühltätigkeit von Nagern *(Otomys sloggetti)*, Viehtritt und Deflation.
Repeat photography of wetlands near Sani Pass. General views (at 3,080 m a. s. l.): 20 April 1999 (A), 29 August 1999 (B); details (at 2,850 m a. s. l.): 8 Sept. 1998 (C), 4 March 1999 (D), 29 August 1999 (E), 9 March 2000 (F; Photos: NÜSSER). Seasonality appears as a typical climate and vegetation factor. In the present example of a wetland near Sani Pass sharply outlined areas are visible in scenes A and B that are intensively used all year round as pasture. The detail photographs show a two-year sequence (C, D, E, F) of the surface of the wetland with its 10 to 20 cm deep depressions. These erosional forms, which are under water in summer and dry in winter, originate from a combination of freezing and thawing, the burrowing activity of rodents *(Otomys sloggetti)*, trampling by grazing animals and deflation.

Maloti-Drakensberg: Naturraum und Nutzungsmuster

Fig. 4 (links)

Multitemporale Bildvergleiche einer Brandsukzession am Sani-Pass. Überblicksaufnahmen (3120 m): 9.9.1998 (A), 5.3.1999 (B); Detailaufnahmen (2950 m): 9.9.1998 (C), 5.3.1999 (D), 30.8.1999 (E), 16.3.2000 (F; Fotos: NÜSSER). Die Übersichtsaufnahmen (A, B) zeigen das Brandmuster von *Merxmuellera drakensbergensis*-Beständen entlang einer linearen Erosionsform (Donga) südlich des Sani-Passes. Die Sequenz der Detailaufnahmen (C–F) verdeutlicht die sekundäre Sukzession über einen Zeitraum von 18 Monaten nach dem Brand im September 1998. Die Aufnahme D stammt vom selben Tag wie das als Figur 2C abgebildete Satellitenbild. Im Allgemeinen werden die von weidenden Tieren gemiedenen *Merxmuellera drakensbergensis*-Tussocks im Winter gebrannt, da der frische Jungwuchs im Frühjahr als Futter angenommen wird.

Repeat photography of a fire succession near Sani Pass. Overviews, at 3,120 m a.s.l.: 9 Sept. 1998 (A), 5 March 1999 (B); details, at 2,950 m a.s.l.: 9 Sept. 1998 (C), 5 March 1999 (D), 30 August 1999 (E), 16 March 2000 (F: Photos: NÜSSER). The overviews show the burning pattern of *Merxmuellera drakensbergensis* stands along a linear erosion form (donga) south of Sani Pass. The sequence of detail photographs (C–F) visualizes the secondary succession within 18 months following the fire of September 1998. Scene D is from the same day as the satellite image shown in Fig. 2C. The *Merxmuellera drakensbergensis* tussocks, which are avoided by the grazing animals, are generally burnt over in winter, as the fresh spring growth is accepted as fodder.

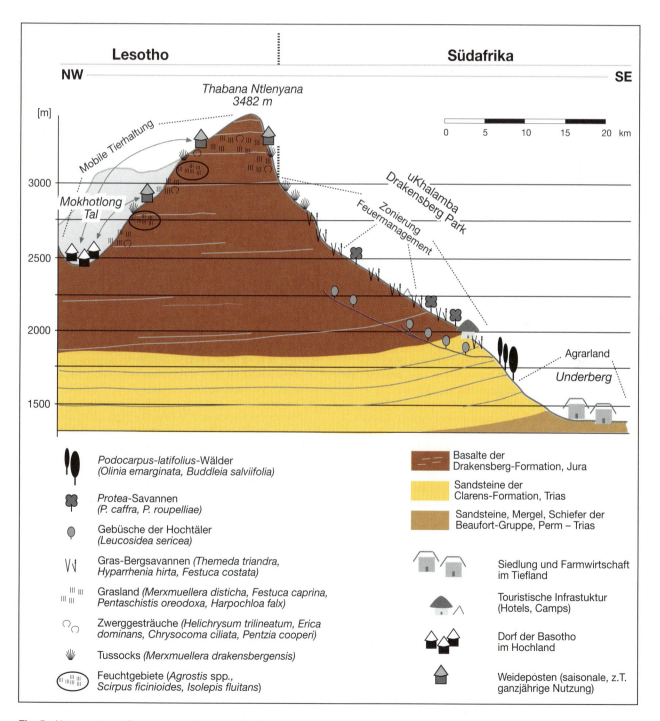

Fig. 5 Naturraum und Ressourcennutzung im Profil
Transect of Natural Resources and Utilization Patterns

© 2002 Justus Perthes Verlag Gotha GmbH

zungen in Lesotho liegen insofern anders, als das östliche Hochland durch mobile Tierhaltung als extensiv genutzter Wirtschaftsraum integriert ist und angestrebte Nutzungsregulierungen sich mit starken Widerständen konfrontiert sehen. Die bisherigen Ansätze zur Kontrolle und Regulierung der Weidenutzung durch Inventarisierung von Weideflächen sowie die Einführung von Rotationsweiden, Weidesteuern und *Range Management Areas* haben nur geringe Wirkungen gezeigt. Dabei zeigten sich deutliche Defizite in der Partizipation der betroffenen Hochlandbevölkerung. Die konsequente Einbindung der Tierhalter in den Planungsprozess bildet jedoch eine notwendige Vorbedingung für positivere Entwicklungen im Bereich der Ressourcennutzung. Die Entwicklung und Umsetzung geeigneter Monitoringkonzepte, die als Grundlage für ein regionales, den naturräumlichen Potentialen sowie den sozioökonomischen Bedingungen angepasstes Ressourcenmanagement dienen können, bleibt eine wichtige Aufgabe im Rahmen anwendungsorientierter und humanökologischer Analysen (GRAB & NÜSSER 2001).

Danksagung

Gelände- und Auswertungsarbeiten wurden durch die Volkswagen-Stiftung und die Deutsche Forschungsgemeinschaft gefördert, denen hiermit gedankt sei. Den Botanikern Dr. O. M. HILLIARD und B. L. BURTT (Edinburgh) danke ich für die Bestimmung der Herbarbelege.

Literatur

BACKÉUS, I. (1989): Flarks in the Maloti, Lesotho. Geografisker Annaler, **71**(A): 105–111.

GRAB, S., & C. MORRIS (1999): Soil and Water Resource Issues of the Eastern Alpine Belt Wetlands in Lesotho. In: HURNI, H., & J. RAMAMONJISOA [Eds.]: African Mountain Development in a Changing World. Antananarivo: 207–219.

GRAB, S., & M. NÜSSER (2001): Towards an Integrated Research Approach for the Drakensberg and Lesotho Mountain Environments: A Case Study from the Sani Plateau Region. South African Geographical Journal, **83** (1): 64–68.

GROBBELAAR, J. U., & P. STEGMANN (1987): Limnological characteristics, water quality and conservation measures of a high altitude bog and rivers in the Maluti mountains, Lesotho. Water South Africa, **13** (3): 151–158.

HILLIARD, O. M., & B. L. BURTT (1987): The botany of the southern Drakensberg. Cape Town. = Annals of the Kirstenbosch Botanic Gardens, **15**.

JACOT GUILLARMOD, A. (1969): The Effect of Land Usage on Aquatic and Semi-Aquatic Vegetation at High Altitudes in Southern Africa. Hydrobiologia, **34**: 3–13.

KIEPLIN, J., & T. QUINLAN (1999): Maloti-Drakensberg Transfrontier Conservation and Development Project: Social Assessment (South Africa). Pietermaritzburg.

KILLICK, D. J. B. (1963): An account of the plant ecology of the Cathedral Peak area of the Natal Drakensberg. Pretoria. = Memoirs of the Botanical Survey of South Africa, **34**.

KILLICK, D. J. B. (1978): Further Data on the Climate of the Alpine Vegetation Belt of Eastern Lesotho. Bothalia, **12** (3): 567–572.

MCKENZIE, P. (1946): Pioneers of Underberg. A short account of the settlement. Pietermaritzburg.

MEAKINS, R. H., & J. D. DUCKETT (1993): Vanishing Bogs of the Mountain Kingdom. Veld and Flora, **79** (2): 49–51.

MORRIS, C. D., BOLEME, S., & N. M. TAINTON (1989): Report on investigations into the fire and grazing regimes and the conservation needs of the eastern alpine catchments of Lesotho. Drakensberg/Maluti Mountain Catchment Conservation Programme: Fire and grazing project. Pietermaritzburg.

MORRIS, C. D., TAINTON, N. M., & S. BOLEME (1993): Classification of the eastern alpine vegetation of Lesotho. African Journal of Range and Forage Science, **10** (1): 47–53.

NÄNNI, U. W. (1969): Veld Management in the Natal Drakensberg. South African Forestry Journal, **68**: 5–15.

Natal Parks Board (1985): Giant's Castle Game Reserve Management Plan. Pietermaritzburg.

Natal Parks Board (1995): Natal Drakensberg Park Management Policy. Pietermaritzburg

Natal Parks Board (1997): West Division Yearbook. 1996–1997. Pietermaritzburg.

NÜSSER, M. (2001): Ressourcennutzung und externe Eingriffe im peripheren Gebirgsland Lesotho. Geographische Rundschau, **53** (12): 30–36.

NÜSSER, M. (2002): Pastoral utilization and land cover change: a case study from the Sanqebethu Valley, Eastern Lesotho. Erdkunde, **56** (2): 207–221.

PHELAN, A. J. (1976): Drakensberg Policy Statement. Natal Town and Regional Planning Reports, **34**.

QUINLAN, T. (1995): Grassland Degradation and Livestock Rearing in Lesotho. Journal of Southern African Studies, **21** (3): 491–507.

QUINLAN, T., & C. D. MORRIS (1994): Implications of Changes to the Transhumance System for Conservation of the Mountain Catchments in Eastern Lesotho. African Journal of Range and Forage Science, **11** (3): 76–81.

STAPLES, R. R., & W. K. HUDSON (1938): An ecological survey of the mountain area of Basutoland. London. = Crown Agents for the Colonies.

VILJOEN, M. J., & W. U. REIMOLD (1999): An Introduction to South Africa's Geological and Mining Heritage. Johannesburg.

WIESE, B. (1985): Der Funktionswandel einer Gebirgsregion im südlichen Afrika – das Beispiel der Natalischen Drakensberge. Zeitschrift für Wirtschaftsgeographie, **29** (3/4): 217–237.

WRIGHT, J. B. (1971): Bushman Raiders of the Drakensberg, 1840–1870: A Study of their Conflict with Stock-Keeping Peoples in Natal. Pietermaritzburg.

VAN ZINDEREN BAKKER, E. M. (1955): A preliminary survey of the peat bogs of the alpine belt of northern Basutoland. Acta Geographica, **14**: 413–422.

VAN ZINDEREN BAKKER, E. M., & M. J. WERGER (1974): Environment, vegetation and phytogeography of the high-altitude bogs of Lesotho. Vegetatio, **29**: 37–49.

Manuskriptannahme: 22. April 2002

Dr. MARCUS NÜSSER, Universität Bonn, Geographisches Institut, Meckenheimer Allee 166, 53115 Bonn
E-Mail: m.nuesser@uni-bonn.de

Verändert der Klimawandel die Bergwelt?
Evidenzen und Szenarien

Heute steht fest: Die aktuelle Erwärmung der Geobiosphäre ist vom Menschen zumindest mitverursacht (IPCC 2001). 0,1 K legt die Tageshöchsttemperatur seit dem Jahre 1950 pro Jahrzehnt zu. Damit erleben wir den steilsten Temperaturanstieg innerhalb des letzten Jahrtausends. Das kann für keinen Lebensraum der Erde ohne Folgen bleiben. Gerade dort, wo die Temperatur einen Leitfaktor im ökologischen Wirkungsgefüge darstellt, werden sie am deutlichsten ausfallen.

Die physischen Veränderungen in unseren kältegeprägten Lebensräumen werden von der Weltöffentlichkeit mehr oder minder deutlich wahrgenommen: der starke Rückgang der Gletscher, das Auftauen des Permafrosts, das drohende Abschmelzen polarer Eismassen. Wie aber lautet die biologische Antwort, wie reagieren Pflanzen- und Tierarten an den Kältegrenzen des Lebens? Die Hochgebirge der Erde bedingen temperaturlimitierte Lebensräume in allen Zonobiomen und schaffen damit auch die Möglichkeit, klimainduzierte Veränderungen von Biodiversitätsmustern im weltweiten Maßstab vergleichend zu studieren.

Die Pflanzenwelt des Hochgebirges steht seit langem unter Beobachtung. Allerdings beabsichtigte man ursprünglich noch nicht, Klimafolgenforschung zu betreiben. Die frühen Botaniker verfolgten andere Ziele. Man wollte das Vorkommen von Arten, Artengemeinschaften und Lebensformen unter extremsten Klimabedingungen studieren und dokumentieren. So wurden, bereits vor dem Jahre 1850 beginnend, eine ganze Reihe von Alpengipfeln botanisch untersucht und ihre Florenbestände, oft auch ihre ökologischen Verhältnisse, in breit angelegten wissenschaftlichen Studien publiziert.

Heute können wir diese Gipfelzonen als die ältesten ökologischen Vergleichsflächen im Ökosystem Hochgebirge ansehen. Und diese Flächen zeigen deutlich: Die Alpenflora ist in raschem Höherwandern begriffen. In den letzten 50 bis 100 Jahren haben die meisten der untersuchten Gipfel ihren Artenbestand bedeutend erhöht, zum Teil sogar um das Doppelte (GRABHERR et al. 2001).

Aufbauend auf diesem generellen Trend, wird das folgende Szenario wahrscheinlich: Die Zusammensetzungen der Pflanzengesellschaften, wie wir sie heute kennen, werden sich verändern, denn die Pflanzenarten wandern unterschiedlich schnell. Konkurrenzstarke Arten werden aus tieferen Lagen einwandern und die wenig kompetitiven Hochlagenspezialisten einengen. Jenen wird der Fluchtweg nach oben aber zunehmend versperrt sein. Modellstudien belegen: Sind die höchsten Punkte erreicht, dann könnten Gipfel zu Arten- und damit zu Biodiversitätsfallen werden (GOTTFRIED et al. 1998, 1999).

Dies ist der Ausgangspunkt der Initiative GLORIA. Welche Auswirkungen wird der Klimawandel auf die Arten- und Wirkungsgefüge der Hochgebirgslebensräume und damit auf ihre Ökologie, Hydrologie und Biodiversität haben? Dies ist letztlich nur durch ein geographisch weit gefächertes Monitoringprogramm zu klären, wie es etwa in der Glaziologie oder der Meteorologie seit langem üblich ist, in der Hochgebirgsökologie aber bisher gefehlt hat. Aus diesem Grund wurde im Jahre 2000 die „*Gl*obal *O*bservation *R*esearch *I*nitiative in *A*lpine Environments" (GLORIA) gegründet.

GLORIA –
The Global Observation Research Initiative in Alpine Environments: Wo stehen wir?

Sensibles Hochgebirge: Idealer Schauplatz für Klimafolgenforschung

Warum ist gerade das Hochgebirge so hervorragend als „Messgerät" für die Folgen des Klimawandels geeignet? Zum einen sind die Ökosysteme des Hochgebirges vergleichsweise einfache Systeme. Zentrale klimatische Einflussgrößen wie Temperatur und Niederschlag stehen hier deutlich im Vordergrund. Biotische Interaktionen sind weniger von Bedeutung, was allerdings nicht heißt, dass sie nicht vorhanden wären. Zum anderen aber sind Hochgebirge die einzigen terrestrischen Ökosysteme von weltweiter Verbreitung. Ein steiler Temperaturgradient ist der ökologische Leitfaktor in allen Gebirgssystemen der Erde, von den Anden bis zum Ural. Überall erzeugt er in nur wenig abgewandelter Form eine Abfolge von Wäldern über Rasenzonen hin zu offener Schutt- und Felsvegetation. Und drittens sind Gebirge jene Regionen, in denen auch heute noch der direkte menschliche Einfluss relativ gering ist. Zwar sind Bergwald und alpine Grasländer in den meisten Gebirgen der Welt anthropogen zumindest mitgeprägt worden, dennoch aber meist wesentlich naturnäher geblieben als etwa das Grünland der Niederungen. In den höchsten Lagen, wo Fels und Schutt dominieren, finden wir auch heute noch echte Wildnis. Hochgebirgsräume stellen damit ein ideales „Freilandlaboratorium" für Direktbeobachtungen zum Klimawandel und zu seinen ökologischen Folgen dar.

Forum

Der *"Multi-Summit-Approach"*

Das Projekt GLORIA setzt auf Breitenwirkung. Der erste Umsetzungsschritt der Initiative soll in möglichst vielen Gebirgsregionen der Welt ein kostengünstiges und rasch durchführbares Monitoringprogramm initialisieren. In diesem Kernbereich von GLORIA, dem *Multi-Summit-Approach*, wird ein Maximum an Vergleichbarkeit angestrebt. Die nötigen Erhebungen stellen einen Minimalkatalog dar, der auch unter Expeditionsbedingungen durchführbar ist. In jeder Zielregion, den so genannten *Target Regions*, werden vier Gipfel ökologisch und klimatologisch untersucht.

Warum eigentlich Gipfel als Untersuchungsobjekte? Gipfel sind topographisch exakt definierte Landmarken, die auch nach langer Zeit präzise wieder auffindbar sind. Damit ist auch schon die zeitliche Dimension von GLORIA angedeutet: Der Wert dieser Untersuchungsflächen wird von Jahrzehnt zu Jahrzehnt steigen.

Die Auswahl der Gipfel erfolgt nach engen Richtlinien. Sie sollen einer klimatisch und geologisch einigermaßen einheitlichen Zone innerhalb des jeweiligen Gebirgssystems angehören. Ihr Relief soll weder plateauartig, noch zu schroff sein. Je geringer die direkte menschliche Einflussnahme durch Weidevieh oder Tourismus ist, desto geeigneter ist die Situation. Schließlich sollen die Gipfel entlang eines Höhengradienten angeordnet sein.

Gipfel haben noch andere Vorteile: Sie sind die einzigen Punkte in der Landschaft, wo auf engem Raum alle Himmelsrichtungen und damit die verschiedenen regionalklimatisch typischen Zönosen versammelt sind. Gemäß diesem Himmelsrichtungsschema sind auch die Beobachtungsflächen angeordnet, und zwar auf drei unterschiedlichen Skalenniveaus: im Dezimeter-, Meter- und Dekameterbereich. Der Arbeitsablauf stellt sich – kurz gefasst – wie folgt dar (Fig. 1). Vom höchsten Gipfelpunkt werden mit Kompass und Maßband in den Haupthimmelsrichtungen die obersten 5 Höhenmeter ausgemessen. Auf diesem Niveau wird ein Zellennetz von 3×3 m mit 1 m^2 großen Einzelflächen positioniert. Die Eckflächen dieser Raster werden kartiert, also 16 Flächen pro Gipfel. In jeder Fläche werden der Pflanzenbestand und der relative Deckungswert der einzelnen Arten erhoben. Ergänzend wird ein Rasterrahmen aus 100 Zellen (à 10×10 cm) über die Flächen gelegt und die Präsenz bzw. Absenz der Arten beobachtet.

Neben diesen kleinskalierten Stichprobenflächen soll auch der gesamte aktuelle Artenbestand des Gipfels lückenlos erhoben werden. Dazu wird das Areal der obersten 5 Höhenmeter abgegrenzt, die so genannte *5-m-summit-area*. Die Fläche wird in weitere vier Teilflächen, wiederum entlang der Himmelsrichtungen, unterteilt. In jeder Teilfläche werden der Artenbestand und die Häufigkeit der Arten erhoben. Um eine Einschätzung zu erhalten, wie groß das Potential an Arten ist, die in nächster Zukunft in die unmittelbare Gipfelzone einwandern könnten, wird in ähnlicher Weise eine *10-m-summit-area* abgegrenzt und kartiert.

Schließlich wird in jedem der 4 Rasternetze ein Miniaturdatenlogger vergraben, der stündlich die Temperatur im Wurzelbereich aufzeichnet. Aus diesen Meßreihen kann auch auf die Schneebedeckung am Standort rückgeschlossen werden. Die Gipfelzonen können so klimatisch klassifiziert und verglichen werden.

Die bisher angeführten methodischen Schritte stellen den streng standardisierten Kernansatz dar, der auf jedem Gipfel durchgeführt werden muss. Darüber hinaus können und wurden bereits erweiternde Untersuchungen angeschlossen. So wird zur Zeit untersucht, inwieweit Moose als Indikatorarten in den Methodenkanon aufgenommen und wie tierische Organismengruppen in das Programm einbezogen werden können.

Die hier nur knapp umrissene Methodik des *Multi-Summit-Approach* ist detailliert in der aktuellen Fassung des GLORIA Field Manuals nachzulesen. Dieses Dokument kann von der GLORIA-Website *www.gloria.ac.at* bezogen werden.

GLORIA – die europäische und die weltweite Umsetzung

Die Initiative hat ihren ersten Aktivitätsgipfel bereits erfolgreich absolviert. Anfang 2001 startete das Projekt GLORIA-Europe im 5. Rahmenprogramm der EU, unterstützt vom Österreichischen Bundesmi-

Fig. 1 Sampling Design für GLORIAs *Multi-Summit-Approach*

nisterium für Bildung, Wissenschaft und Kultur sowie von der Österreichischen Akademie der Wissenschaften. Von der Sierra Nevada in Südspanien bis zum polaren Ural wurden im vergangenen Sommer 72 Gipfelzonen untersucht. 18 Partnergruppen aus 13 Ländern setzten damit in ihren *Target Regions* den *Multi-Summit-Approach* auf europäischem Niveau erfolgreich um. Das umfangreiche Projektkonsortium wird durch 4 sog. *usergroups* aus den Bereichen Bildung, Umweltschutz und Forschungskoordination ergänzt, welche die Ergebnisse transparent an die Öffentlichkeit herantragen. Das umfangreiche Datenmaterial dieses ersten Beobachtungszyklus wird momentan digitalisiert und zu einer zentralen Datenbank verknüpft. Gleichzeitig werden auf der Basis der Erfahrungen aus dem Freiland die einzelnen methodischen Elemente abschließend diskutiert.

GLORIA trägt den Anspruch zur globalen Umsetzung bereits im Namen. Wurde der Kernansatz schon im Herbst 2000 auf der 1. Konferenz des *Global Mountain Biodiversity Assessment* von einer breiten internationalen Expertenrunde zum Teil kontrovers diskutiert, letztlich aber erfolgreich verabschiedet, so erreicht das Projekt in diesem Jahr die Phase der beginnenden internationalen Implementierung. Einige Dutzend Arbeitsgruppen aus allen Kontinenten haben ihr Interesse an der Mitarbeit am Monitoringnetzwerk bekundet. Sie sollen im 6. Rahmenprogramm zu einem *Network of Excellence*, der nächsten avisierten Organisationsform der EU-Forschung, zusammengefasst werden. Einige dieser Gruppen werden bereits im Jahre 2002 die ersten GLORIA *Target Regions* in Übersee eröffnen.

GLORIA – die zeitliche Komponente

Das Monitoringprogramm ist auf langfristige Beobachtungszeiträume angelegt. Zwar schreiten der Klimawandel und wohl auch die biologischen Reaktionen vergleichsweise rasant voran. Dennoch sind statistisch absicherbare Beobachtungen von Veränderungen erst in etlichen Jahren, vielleicht erst in Jahrzehnten zu erwarten, vor allem in solch grundsätzlich langlebigen und persistenten Systemen wie den Hochgebirgszönosen. Im Gegensatz zum echten Experiment – etwa durch künstliche Erwärmung – bleibt in GLORIAs Monitoringansatz die zeitliche Dimension des Geschehens unbeeinflusst. Darin liegt aber zugleich auch eine Stärke, nämlich die „Natürlichkeit" des Ansatzes.

Inzwischen ist die Wissenschaft aber nicht zur Untätigkeit verdammt. Die umfangreichen Datensätze der Ersterhebung liefern nicht nur die Basis für den Monitoringaspekt. Sie stellen auch unvergleichliche ökologische Datensammlungen an sich dar, die in dieser Breite und vor allem Vergleichbarkeit bisher aus dem Hochgebirge nicht annähernd vorliegen. Mit diesen Informationen können die Hypothesen zur Entwicklung der Gebirgslebensräume in Szenarien umgewandelt werden, die sich der Wirklichkeit nähern. Bereits *Target Region* 01 von GLORIA – die Sierra Nevada in Spanien – liefert harte Argumente für die Vermutung, dass Gipfel zu Biodiversitätsfallen werden könnten: Vom tiefsten zum höchsten Gipfel nimmt der Anteil an jenen Arten, die zum eindrucksvollen Endemitenschatz dieses Gebirges beitragen, stetig zu (PAULI et al. 2002). Bewahrheiten sich Vermutungen, so könnte die weltweit einmalige Flora der Sierra-Nevada-Hochzonen schon bald von der Landkarte der *biodiversity hot spots* verschwunden sein.

Literatur

GOTTFRIED, M., PAULI, H., & G. GRABHERR (1998): Prediction of vegetation patterns at the limits of plant life: a new view to the alpine-nival ecotone. Arctic and Alpine Research, **30** (3): 207–221.

GOTTFRIED, M., PAULI, H., REITER, K., & G. GRABHERR (1999): A fine-scaled predictive model for changes in species distribution patterns of high mountain plant induced by climate warming. Diversity and Distributions, **5**: 241–251.

GRABHERR, G., GOTTFRIED, M., & H. PAULI (2001): Long-term monitoring of mountain peaks in the Alps. In: BURGA, C., & A. KRATOCHWIL [Eds.]. Biomonitoring. Tasks of Vegetation Science. Dordrecht: 153–177.

IPCC (2001): Climate Change 2001: the scientific basis. Intergovernmental Panel on Climate Change. Cambridge University Press.

PAULI, H., GOTTFRIED, M., DIRNBÖCK, T., DULLINGER, S., & G. GRABHERR (2002): Assessing the long-term dynamics of endemic plants at summit habitats. In: NAGY, L., GRABHERR, G., KOERNER, C., & D. B. A. THOMPSON [Eds.] Alpine Biodiversity in Europe – A Europe-wide Assessment of Biological Richness and Change. Berlin. = Ecological Studies [in print].

MICHAEL GOTTFRIED, HARALD PAULI, DANIELA HOHENWALLNER, KARL REITER & GEORG GRABHERR (Universität Wien)

Die Sicht der Hochgebirge der Welt aus der Alpenperspektive?

Die Alpen haben als „montes horribiles" oder als „wildromantische Landschaft" in der europäischen Kulturgeschichte stets eine herausgehobene Stellung innegehabt, und auf sie wurden von den städtischen Kulturen häufig zentrale Vorstellungen von Natur, Umwelt, Landleben, Bauernkulturen projiziert, ohne dass die Städter dieses fremde Hochgebirge zuvor genauer kennen gelernt hätten. Auch bei der Herausbildung der Wissenschaften in der Zeit der Renaissance und Aufklärung spielten die Alpen eine gewisse Rolle, indem sich Gelehrte früh für die „Entmythologisierung" der Alpen, also für den Nachweis der Nichtexistenz von Drachen und anderen Fabelwesen, engagierten und stattdessen naturwissenschaftliche und kulturwissenschaftliche Beobachtungen und Analysen förderten. Als dann ALEXANDER VON HUMBOLDT erstmals außereuropäische Hochgebirge auf systematische Weise wissenschaftlich untersuchte, konnte er bereits auf eine ganze Reihe von Alpenforschungen zu Vergleichszwecken zurückgreifen.

Die Besonderheit der Alpen besteht jedoch nicht nur darin, ein besonders frühes und exemplarisches Studienobjekt der Wissenschaften zu sein, sondern auch darin, stets eine herausgehobene Projektionsfläche für zentrale europäische Ideen und Vorstellungen darzustellen. Gerade diesem Amalgam verdanken die Alpen bis heute ihre besondere wissenschaftliche Faszination, und dies stellt häufig eine wichtige vor- oder unbewusste Motivation für Wissenschaftler dar, sich schwerpunktmäßig mit dem Thema Hochgebirge auseinander zu setzen. Allerdings beinhaltet dieses Amalgam auch, dass in die wissenschaftliche Arbeit auf halb- oder vorbewusste Weise eine Reihe von normativen Elementen einfließen, die selbst nicht wissenschaftlich reflektiert werden. Dies ist aus zwei Gründen wichtig: Erstens beinhalten diese normativen Elemente oft eine idealistische Sichtweise der Alpen, die mit der alpinen Realität wenig zu tun hat, und zweitens wird diese europäische Alpensicht dann unmittelbar auf andere Hochgebirge übertragen, für die sie noch viel weniger passt, weil sie ihnen ein fremdes Kulturmuster überstülpt.

Im Folgenden werden fünf mit den Alpen verbundene normative Ideen benannt, die teilweise auch in der Hochgebirgsforschung anzutreffen sind. Aufgabe und Ziel dieses Essays ist es nicht, solche normativen Ideen aus der wissenschaftlichen Forschung auszumerzen – sie würde dann schnell steril und langweilig –, sondern sie bewusst zu reflektieren und diese Auseinandersetzung in die wissenschaftliche Arbeit zu integrieren.

Alpen und Hochgebirge als „schöne Landschaft"

Die Faszination der schönen Hochgebirgslandschaft ist vielleicht das zentralste normative Element der europäischen Alpensicht, und es bildet auch heute noch eine wichtige persönliche Motivation für viele Wissenschaftler, die davon ausgehen, dass solche Landschaften doch einfach schön seien. Dass Hochgebirge aber „schön" seien, ist weder eine Eigenschaft dieser Räume noch eine Selbstverständlichkeit: Zwei Jahrtausende lang gelten die Alpen als schrecklich („montes horribiles") und Furcht erregend, und sie werden erst im Kontext der industriellen Revolution kulturell umgewertet – von Städtern übrigens, keineswegs von den Alpenbewohnern. Die Aussage „schön" macht daher nur im Kontext der Industriegesellschaft einen kulturellen Sinn und ist daher für außereuropäische Räume erst einmal nicht nachvollziehbar, genauso wenig wie von den Gebirgsbewohnern selbst.

Alpen und Hochgebirge als „ideale ländliche Räume"

Mit dem Aspekt der „Schönheit" ist ein weiterer Aspekt sehr eng verbunden, die Wahrnehmung der Alpen als totaler Gegensatz zur Stadt. Genauer: Als Gegensatz zur Industriestadt mit ihrer kulturellen Künstlichkeit und Umweltzerstörung gelten die Alpen als idealer ländlicher Raum mit einer intakten Natur, einer „heilen", einfachen Kultur und einem harmonischen Mensch-Natur-Verhältnis. Auch wenn die positive Kraft dieses Alpenbildes inzwischen stark verblasst ist, so ist es in Form zweier unterschiedlicher Relikte heute immer noch zu erahnen: Erstens speist sich die – durchaus berechtigte – Empörung über Umweltzerstörung und kulturelle Entfremdung in den Alpen und den Hochgebirgen der Welt teilweise mit daraus, dass die aktuellen Probleme implizit am Maßstab eines paradiesischen Idealzustandes gemessen werden („Sündenfall"). Zweitens tendiert diese Sichtweise dazu, nichtländliche Phänomene wie Städte, Industrie und funktionale/ kulturelle Verflechtungen mit den Ballungsräumen außerhalb der Hochgebirge zu übersehen oder zu gering zu gewichten. Dies zeigt sich an den Alpen exemplarisch, wo im Rahmen der Alpenforschung die so wichtigen Alpenstädte erst seit wenigen Jahren zum Thema geworden sind (mit dem Thema „Industrie" sieht es etwas besser aus, aber die wissenschaftliche Analyse entspricht auch hier bei weitem nicht ihrer Bedeutung) und wo auch das politische Vertragswerk der Alpenkonvention eindeutig durch „ländliche" Themenfelder geprägt ist. Umgekehrt wird dieses normative Bild an der dominierenden Stellung von landwirtschaftlichen und touristischen Themen in der Hochgebirgsforschung fassbar, wobei implizit die Tendenz besteht, diese beiden Faktoren zu stark zu gewichten: In den Alpen liegt der primäre Sektor oft bereits unter den Werten außeralpiner ländlicher Räume, und die Alpen sind auch keineswegs flächenhaft touristisch erschlossen (40 % aller Alpengemeinden haben keinen Tourismus).

Fig. 1   Eine solche Landschaft galt in Europa bis 1760 als nutzlos, hässlich und abstoßend. Erst im Gefolge der industriellen Revolution wurde daraus eine „schöne" Landschaft, die aufregt und begeistert (Weisshorn im Wallis; Foto: BÄTZING).

Alpen und Hochgebirge als „benachteiligte Räume"

Dieses normative Bild zieht sich wie ein roter Faden durch die europäische Kulturgeschichte: Schon die „montes horribiles" der Antike sind extrem benachteiligt, und Gleiches gilt für die Alpen als „schöne Landschaft", weil sie ja das Gegenbild zur Stadt – und damit zur modernen Entwicklung – darstellen. Indem der Prozess der europäischen Industrialisierung die Alpen ökonomisch und kulturell entwertet und Abwanderungswellen aus den Alpen in die Industriestädte hervorruft, sieht es so aus, als würde die Empirie diese normative Sicht bestätigen. Auffällig ist jedoch, dass das Bild des benachteiligten Raumes bestehen bleibt, obwohl die Bevölkerungsentwicklung der Alpen seit 1970 – mit steigender Tendenz – *über* dem europäischen Durchschnitt liegt: Das Bild ist stärker als die Realität! Trifft diese normative Sicht schon nicht (mehr) auf die Alpen zu, so ist sie für die außereuropäischen Hochgebirge erst recht völlig unzutreffend, wo die Gebirge im Kontext anderer volkswirtschaftlicher Strukturen und völlig anders gearteter Hochland-Tiefland-Beziehungen keineswegs prinzipiell benachteiligt sind.

Die Alpen als Vorreiter der Hochgebirgsentwicklung

Weil die Alpen das besterforschte Gebirge der Welt sind und der durch Industrialisierung und Globalisierung ausgelöste Strukturwandel hier wesentlich früher beginnt als anderswo, besteht eine gewisse Versuchung, auf dem Hintergrund des skizzierten normativen Alpenbildes auch die zukünftige Entwicklung der außereuropäischen Hochgebirge nach dem Modell der Alpenentwicklung zu prognostizieren. Dies betrifft vor allem drei Themenfelder, nämlich die Landwirtschaft (Erwartung starker Rückgänge), den Tourismus (Erwartung starker Zunahme) und den Transitverkehr (Erwartung sehr starker Zunahme). Alle drei Bereiche sind aber in den Alpen durch Sonderbedingungen geprägt, die sich keinesfalls einfach verallgemeinern lassen: Die Landwirtschaft ist unmittelbar durch die europäische Agrarpolitik geprägt, und Tourismus und Transitverkehr profitieren von der weltweit einmaligen Lage der Alpen als relativ kleines Hochgebirge mitten zwischen den dynamischsten Wirtschaftsräumen Europas.

Die Alpenkonvention als Vorbild für die Gebirge der Welt

Im „Internationalen Jahr der Berge" ist der Gedanke populär geworden, dass die Alpenkonvention ein ideales Instrument für die nachhaltige Entwicklung der Gebirge der Welt sei. Allerdings enthält sie zahlreiche normative Elemente, die kaum unmittelbar in den außereuropäischen Raum übertragen werden können: Der hohe Stellenwert rechtlich-verbindlicher Regelungen basiert in Europa auf der langen „abendländischen" Tradition und macht in Gebirgen wenig Sinn, in denen zentrale Eigentumsfragen ungelöst sind oder in denen bestehende staatliche Gesetze aus Gründen mangelnder Akzeptanz, politischer bzw. militärischer Opposition oder fehlender Infrastruktur nicht umgesetzt werden können.

WERNER BÄTZING, Erlangen

Literaturempfehlungen: Hochgebirge

Die Hochgebirge der Erde faszinieren die Menschen seit jeher. Dies drückt sich unter anderem auch in ihrer Wertschätzung als Sitz der Götter (z. B. im Himalaya), als „Wassertürme" in Trockengebieten, als Rückzugsort in Notzeiten (z. B. Machu Picchu in den peruanischen Anden) oder als Urlaubsziel im Zeitalter des Massentourismus (Alpen, Mt. Everest) aus. Kein Wunder also, dass bis dato eine Flut von Veröffentlichungen zum Thema „Geographie der Hochgebirge" erschien, und gerade das derzeitige Jahr der Berge lässt zahlreiche weitere Publikationen erwarten. Dies macht auf den ersten Blick die Auswahl geeigneter und repräsentativer Literatur schwierig. Bei genauerer Betrachtung zeigt sich, dass es an aktuellen, umfassenden Standardwerken zur physischen Umwelt bzw. Kulturgeographie der Hochgebirge mangelt. Erst auf der Ebene bestimmter Regionen (z. B. Alpen) bzw. einzelner Teilbereiche wie Klima oder Vegetation finden sich fundierte Fachbücher. Andererseits gibt es aber auch eine Fülle von Aufsätzen zu allgemeinen wie speziellen – teils auch brisanten – Fragen der Gebirgsnatur und Gebirgskulturen, die sowohl in allgemein geographischen wie auch in spezifischen Fachzeitschriften publiziert wurden. Von Letzteren sollen daher hier ebenfalls zwei Beispiele vorgestellt werden.

Standardwerke

Außer dem nun schon etwas veralteten Werk zur Hochgebirgsgeographie von C. RATHJENS (1982) fehlt im deutschsprachigen Raum trotz ihrer großen Bedeutung ein generelles Lehrbuch zum Natur- und Kulturraum der Gebirge, wie es sie z. B. zur Bodenkunde, Geomorphologie, Klima- oder Pflanzengeographie längst gibt. RATHJENS geht anschaulich auf die verschiedenen Teilgebiete der physischen Hochgebirgsgeographie ein, unterstützt durch die zahlreichen Abbildungen. Auch versucht sich der Autor in einer Vereinheitlichung der Nomenklatur der verschiedenen Höhenstufen, streift diesen Themenkomplex jedoch leider nur kurz und unvollständig. Der regionale Überblick gerät zu kurz – allein damit ließe sich schon ein eigenes Buch füllen. Der angekündigte zweite Band zur Kulturgeographie der Hochgebirge erschien leider nie. Viele Beschreibungen der geologischen und geomorphologischen Phänomene des Hochgebirges behielten bis heute im Großen und Ganzen ihre allgemeine Gültigkeit. In den letzten zwanzig Jahren ergaben sich jedoch vor allem in den Bereichen Klima (z. B. Föhngenese) und Vegetation (z. B. Biodiversität) der Gebirge eine Menge neuer Erkenntnisse, die dem Buch von RATHJENS fehlen.

Einen Versuch, diese Lücke im englischsprachigen Raum zu schließen, stellt das Werk von B. MESSERLI & J. IVES (1997) dar. „Mountains of the World. A Global Priority" bildet jedoch ebenfalls kein Standardlehrbuch im klassischen Sinne, sondern wurde durch den Umweltgipfel von Rio de Janeiro 1992 inspiriert. In 19 Aufsätzen greifen verschiedene Autoren aktuelle politische (ethnische und zwischenstaatliche Konflikte), ökonomische (Tourismus, nachhaltige Entwicklung) und ökologische (Artenvielfalt, Naturschutz) Fragestellungen zum Thema Hochgebirge auf und erläutern und diskutieren sie anhand anschaulicher Beispiele. Die Auswahl der Autoren und Exkurse gewährleistet einen weltweiten Überblick. Dadurch fehlen dem Buch aber generelle Beschreibungen der Physischen und Kulturgeographie des Gebirgsraums. Ein weiteres Manko für Geographen ergibt

RATHJENS, C. (1982): Geographie des Hochgebirges. 1. Der Naturraum. Stuttgart (Teubner), 210 S. [ISBN: 3-519-03419-0].

Mountain Agenda (1997): Mountains of the World. A Contribution to Chapter 13, Agenda 21. Bern (Haupt), 36 S.

Ders. (1998): Mountains of the World. Water Towers for the 21st Century. 32 S.

Ders. (1999): Mountains of the World. Tourism and Sustainable Mountain Development. 48 S.

Ders. (2000): Mountains of the World. Mountain Forests and Sustainable Development. 42 S.

Ders. (2001): Mountains of the World. Mountains, Energy, and Transport. 51 S.

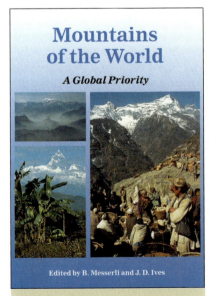

MESSERLI, B., & J. IVES (1997): Mountains of the World. A Global Priority. New York (Parthenon), 495 S. [ISBN: 1850707812].

sich durch den Mangel an adäquaten regionalen und globalen Karten. Das Buch kann aber trotzdem jedem empfohlen werden, der sich für die Zukunft der Berge interessiert.

Wer auf dem laufenden Stand der Dinge der Gebirge der Welt bleiben möchte, dem sei zusätzlich die an das eben erwähnte Buch angelehnte Zeitschriftenreihe „Mountains of the World" empfohlen. Sie erscheint seit 1997 einmal jährlich und widmet jeweils ein ganzes Heft zentralen Problemen der Bergwelt (bislang: Agenda 21, Wasser, Tourismus, Wald und Energie/Transport). Geliefert werden Beschreibungen der jeweils zugrunde liegenden zentralen Fragestellung sowie aktuelle Fallbeispiele aus der ganzen Welt mit Übersichtskarten, Tabellen und beeindruckenden Fotos. Insgesamt bietet die Reihe eine zweckmäßige Ergänzung des oben genannten Buches.

Geologie und Geomorpholgie

Ein recht neues Buch zur Entstehung und Weiterentwicklung von Gebirgen stammt von dem Franzosen M. MATTAUER (1999). Auf knapp zweihundert Seiten beschreibt er anschaulich, teilweise auch in einer etwas blumigen Sprache der Begeisterung, die gängigen Theorien und Modelle der Gebirgsbildung. Die verschiedenen Gebirgstypen werden umfassend vorgestellt, unterstützt durch zahlreiche, detaillierte Zeichnungen und Skizzen. Die Herkunft des Verfassers zeigt sich in der umfangreichen Präsentation der französischen Gebirge, wogegen die „restlichen" Gebirge der Erde etwas zu kurz geraten. Positiv hervorzuheben ist auch das Glossar am Ende des Buches, in dem wesentliche Fachtermini kurz erläutert werden. Leider fehlen neben einem Register auch ein Literaturverzeichnis bzw. Hinweise auf weiterführende Bücher und Aufsätze. Die gute Lesbarkeit und die eingängigen Formulierungen gleichen diesen Mangel jedoch weitgehend aus.

MATTAUER, M. (1999): Berge und Gebirge. Werden und Vergehen geologischer Großstrukturen. Stuttgart (Schweizerbart), 191 S. [ISBN: 3-510-65184-7].

Wer tiefer in die Geologie der Alpen einsteigen möchte, dem sei die gleichnamige Publikation von G. MÖBUS (1997) empfohlen. Umfassend und detailreich schildert der Autor mit Ausnahme der französisch-italienischen Westalpen die Geologie der verschiedenen Alpenregionen mit ihrer geographischen Verbreitung, Petrographie und Tektonik. Zahlreiche Übersichtskarten und Profilzeichnungen erleichtern dem Leser die Orientierung. Positiv hervorzuheben ist der kurze Überblick über die geomorphologische Weiterentwicklung der Alpen während des Pleistozäns. Die umfangreichen Sach- und Ortsregister sowie das ausführliche Literaturverzeichnis runden das positive Bild dieses Buches ab.

Ein eigenes, auf dem neuesten Stand der Wissenschaft befindliches Werk zur Geomorphologie der Hochgebirge steht dagegen noch immer aus. A. STAHR & TH. HARTMANN (1999) liefern dafür mit ihrem Nachschlagewerk „Landschaftsformen und Landschaftselemente im Hochgebirge" zumindest Anschauungsmaterial zahlreicher geomorphologischer Erscheinungen in einer Vielzahl von teils exzellenten Bildern aus verschiedenen Erdteilen. Prä-

MÖBUS, G. (1997): Geologie der Alpen. Köln (von Loga), 340 S. [ISBN: 3-87361-249-6].

STAHR, A., & TH. HARTMANN (1999): Landschaftsformen und Landschaftselemente im Hochgebirge. Berlin [u.a.] (Springer), 398 S. [ISBN: 3-540-65278-7].

gnante und teilweise bis ins Detail reichende Erklärungen unterstreichen den guten Gesamteindruck dieser Veröffentlichung. Einzige Abstriche stellen diverse regionale Lücken (Teile Nordamerikas, Zentralasiens) sowie die weitgehende Negierung solifluidaler Formen dar. Das aber hervorragende Preis-Leistungs-Verhältnis sollte trotzdem ein Kaufanreiz sein.

Literatur

Klima der Hochgebirge

Bis zum heutigen Tag in Umfang und Kenntnisstand unerreicht ist „Mountain Weather and Climate" von R. BARRY (1992), der in vier Kapiteln allgemeine Grundlagen und spezifische Besonderheiten des Gebirgsklimas beschreibt. Besondere Beachtung findet dabei die ausführliche Darstellung gebirgstypischer Windsysteme (Föhn, katabatische Winde, Berg-Talwind etc.) und Klimacharakteristika einschließlich ihrer mathematischen und physikalischen Grundlagen. Im fünften Kapitel folgt die Übertragung der vormals aufgezeigten Grundlagen in den regionalen Kontext, in dem BARRY näher auf klimatische Besonderheiten einzelner Gebirgszüge verschiedener Klimazonen eingeht sowie Literaturhinweise auf fehlende Regionen gibt. Die zwei abschließenden, etwas kürzer gehaltenen Buchabschnitte behandeln noch das Humanbioklima der Berge sowie alpine Zeugnisse des globalen Klimawandels und dessen eventuelle Auswirkungen auf die Bergwelt. Unüblich, aber überaus erfreulich für ein angloamerikanisches Buch ist die bemerkenswert breite Berücksichtigung deutschsprachiger Literatur in diesem Werk.

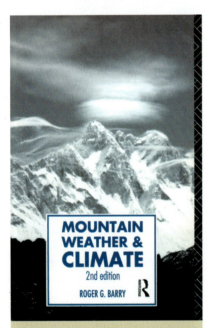

BARRY, R. (1992): Mountain Weather and Climate. New York (Routledge), 402 S. [ISBN: 0-415-07112-7].

Vegetation der Hochgebirge

Aus dem Bereich der Vegetationsgeographie sollen hier zwei ausgewählte Beispiele vorgestellt werden. Das 1989 von einer Autorengruppe um G. KLOTZ herausgegebene Werk „Hochgebirge der Erde und ihre Pflanzen- und Tierwelt" besticht durch seine gute Lesbarkeit, einen großzügigen Farbbildteil sowie durch die zeichnerische Darstellung einiger typischer Pflanzenarten aus verschiedenen Hochgebirgen der Erde. Bis auf einige kleinere Ausnahmen (z.B. Hoggar, Tibesti, Neuguinea) werden alle wichtigen Gebirgssysteme dargestellt und in ihren geologisch-geomorphologischen und klimatologischen Grundzügen beschrieben (inklusive bezeichnender Klimadiagramme). Ausführlicher widmen sich die Verfasser der Vegetation und Fauna der jeweiligen Gebiete, wobei Erstere sowohl graphisch als auch tabellarisch in ihrer Höhenzonierung mit charakteristischen Arten aufgezeigt wird. Die Autoren gehen zudem bereits kurz auf die Problematik zunehmender anthropogener Umweltveränderungen in den Hochgebirgen ein, ohne jedoch Lösungsansätze aufzuzeigen.

Aktueller, aber auch wesentlich spezifischer liegt seit kurzem „Alpine Plant Life. Functional Plant Ecology of High Mountain Ecosystems" von CH. KÖRNER (1999) vor. Wie der Titel schon andeutet, behandelt der Autor keine Pflanzengeographie im klassischen Sinne, sondern beschreibt die Lebensbedingungen der alpinen Umwelt und die daraus resultierenden ökophysiologischen Anpassungen und Interaktionen der Pflanzen: beispielsweise ihre Adaptionen an lang anhaltende Schneeüberdeckung, klimatischen Stress oder Schwierigkeiten bei der Nährstoffgewinnung und -aufnahme. Weitere Abschnitte setzen sich ausführlich mit der alpinen Waldgrenzproblematik, den Fortpflanzungsstrategien von Hochgebirgspflanzen oder dem Global Change im Gebirge auseinander. Zahlreiche Abbildungen und Tabellen sowie einige Farbtafeln unterstreichen das positiven Gesamtbild.

KLOTZ, G., et al. (1989): Hochgebirge der Erde und ihre Pflanzen- und Tierwelt. Leipzig [u.a.] (Urania), 355 S. [ISBN: 3-332-00209-0].

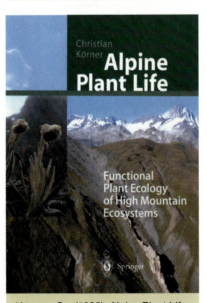

KÖRNER, CH. (1999): Alpine Plant Life: functional plant ecology of high mountain ecosystems. Berlin, Heidelberg (Springer), 343 S. [ISBN: 3-540-65438-0].

Regionale Beiträge

Quasi als Vorläufer zu den bereits vorgestellten „Mountains of the World" von 1997 erschien 1992 der Bericht „The State of the World's Mountains" (hrsg. von P. STONE). Ausführlich beschrieben werden in großen Kapiteln geoökologische, ökonomische und soziale Problemstellungen und -lösungen der Alpen, Anden, afrikanischer Gebirge und Hochländer, des Himalaya, der Appalachen sowie von Gebirgen der früheren GUS; kleinere Abschnitte behandeln Beispiele aus Thailand, Kanada, Japan u.a. Abschließend gehen die Autoren auf den Klimawandel in den Bergen inklusive eines Rückblicks auf vergangene Kli-

STONE, P. [Ed.] (1992): The State of the World's Mountains. A Global Report. London, New Jersey (Zed), 391 S. [ISBN: 1-85649-115-3].

Literatur

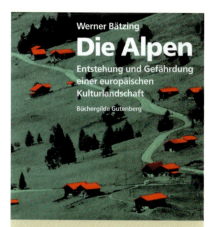

BÄTZING, W. (1991): Die Alpen. Entstehung und Gefährdung einer europäischen Kulturlandschaft. Frankfurt/Main, Wien (Gutenberg), 286 S. [ISBN: 3-763-24032-2].

VEIT, H. (2002, im Druck): Die Alpen. Geoökologie und Landschaftsentwicklung. Stuttgart (UTB).

LALL, J. [Ed.] (1995): The Himalaya. Aspects of Change. A Selection. Bombay (Oxford University Press), 225 S. [ISBN: 0-19-563574-4].

mawechsel und in der Zukunft zu erwartende Folgen ein.

Das umfassendste Buch zur Landschaftsgeschichte und -entwicklung der Alpen stammt von W. BÄTZING (1991). Nach einer kurzen Einführung zum Naturraum der Alpen beschreibt der Autor die landwirtschaftliche Nutzungsgeschichte des Gebirges von den frühen Anfängen menschlicher Besiedlung bis zum Beginn des Industriezeitalters einschließlich ökologischer, politischer und kultureller Grundlagen. Der zweite Teil des Werkes widmet sich der Transformation der Agrar- zur Industrie- und Dienstleistungsgesellschaft und leitet über zum dritten großen Abschnitt, der sich mit den aktuellen Problemen des Alpenraumes wie dem Waldsterben, dem Massentourismus und den Verkehrsströmen auseinander setzt. Abschließend gibt BÄTZING einen Ausblick auf die mögliche Zukunft der Alpen und stellt verschiedene Maßnahmen zum Schutz des Gebirges vor.

Gespannt sein darf man in diesem Zusammenhang auf ein demnächst erscheinendes Werk von H. VEIT (2002, im Druck) zur Geoökologie und Landschaftsentwicklung der Alpen.

Eine etwas kleinere Publikation, die sich mit verschiedenen Aspekten des Wandels im Himalaya beschäftigt, ist „The Himalaya. Aspects of Change" von J. LALL (1995). Verschiedene Aufsätze behandeln gut gemischt – teils exotische – Themen wie die Ornithologie des Gebietes, Erdbeben, den sozioökonomischen Wandel oder Shifting Cultivation, geben damit aber einen instruktiven Überblick über die aktuelle Situation in diesem Hochgebirge.

Die Fachzeitschrift

Jeweils auf dem neuesten Stand der Hochgebirgsforschung hält einen das Fachorgan „Mountain Research and Development". Es erscheint viermal im Jahr und deckt das komplette Themenspektrum der Hochgebirgsforschung ab. Ein Querschnitt der beiden aktuellsten Hefte zeigt die Themenvielfalt der Zeitschrift: Abgehandelt wird alles von der agrokulturellen Entwicklung in Sichuan, China, über Armut und Landschaftsdegradierung in den Hochländern Zentralamerikas und Stadtentwicklung in den Alpen bis hin zu einem Vergleich von Geologie und Geomorphologie der europäischen und Neuseeländischen Alpen. Zahlreiche anschauliche Abbildungen, Karten und Fotos lockern die Texte auf und verstärken die didaktische Wirkung. Empfehlenswert ist diese Zeitschrift für jeden Leser, der sich ernsthaft für die Geographie und Erforschung der Berge interessiert.

Mountain Research and Development. Mountain Research and Development Business Office, 810 East 10th Street, P.O. Box 1897, Lawrence, Kansas 66044-8897 / USA. [ISSN: 0276-4741].

DANIEL LINGENHÖHL, Erlangen

Anzeige

Ernährungs- und Existenzsicherung im Hochgebirge: der Haushalt und seine livelihood strategies – mit Beispielen aus Innerasien

HILTRUD HERBERS

7 Figuren im Text

Securing food, nutrition and livelihood in high mountain areas: households and their strategies – with case studies from Inner Asia
Abstract: In the last decades, the focus of geographical research on food and nutrition has changed from rather global questions such as food production and carrying capacity of the earth to specific problems at the household level (e.g. vulnerability to food crisis, livelihood strategies). In high mountain areas it seems particularly difficult to secure food, nutrition and livelihood due to limited resources (e.g. arable land) and the remote locations of settlements. One case study from the Tajik Pamirs, formerly belonging to the Soviet Union and now undergoing a process of re-structuring, analyses actual livelihood strategies and their efficiency. A second case study from the Northern Areas of Pakistan discusses the crucial role which households play for securing livelihood. Both examples provide evidence that political and economic conditions are as important as the make-up of households and their strategies to secure livelihood.
Keywords: geographical research on food and nutrition, vulnerability concept, livelihood approach, Tajik Pamirs, Northern Areas of Pakistan, mixed mountain agriculture, livelihood strategies, division of labour

Zusammenfassung: Das Augenmerk geographischer Ernährungsforschung hat sich in den vergangenen Jahrzehnten von eher globalen Fragen wie dem Nahrungsspielraum und der Tragfähigkeit der Erde zu konkreten Problemen auf Haushaltsebene verlagert (v. a. Verwundbarkeit gegenüber Nahrungskrisen, Strategien der Lebensunterhaltssicherung). In Hochgebirgen erscheint die Ernährungs- und Existenzsicherung aufgrund des geringen Inwertsetzungspotentials und der peripheren Lage der Siedlungen besonders schwierig. Am Beispiel des tadschikischen Pamirs, der ehemals zur Sowjetunion gehörte und sich nun in einem Transformationsprozess befindet, werden die Strategien der Lebenssicherung und ihre Effizienz diskutiert. Welche herausragende Bedeutung dabei dem Haushalt zukommt, wird am Beispiel der Northern Areas von Pakistan erörtert. Beide Fallbeispiele zeigen zugleich, dass jenseits des Haushalts und seiner Strategien die politischen und ökonomischen Rahmenbedingungen einen entscheidenden Einfluss auf die Lebenssicherung ausüben.
Schlüsselwörter: geographische Ernährungsforschung, Verwundbarkeitskonzepte, livelihood approach, tadschikischer Pamir, Northern Areas von Pakistan, Hochgebirgslandwirtschaft, Strategien zur Sicherung des Lebensunterhalts, Arbeitsteilung

1. Vom Nahrungsspielraum zur Lebensunterhaltssicherung: Ernährungsforschung in der Geographie

THOMAS MALTHUS war wohl der Erste, der sich öffentlichkeitswirksam mit Fragen der Ernährungssicherung beschäftigt hat. Sein 1798 erschienenes Hauptwerk „*An essay on the principle of population*" hat in der wissenschaftlichen Debatte über Ernährungsfragen seither kaum an Aufmerksamkeit eingebüßt (WATTS 2000, S. 35 f.). Auch das Thema Bevölkerungswachstum und Nahrungsspielraum, mit dem sich MALTHUS befasste, hat seine Aktualität und Dringlichkeit behalten. Immer noch leiden weltweit etwa 840 Mio. Menschen an Unterernährung; ihnen wird somit das in der allgemeinen Erklärung der Menschenrechte von 1948 verbriefte Recht auf Nahrung vorenthalten (EIDE 1999, S. 333 f.). Die Zahl der Betroffenen soll bis 2015 halbiert werden, so der Beschluss des Welternährungsgipfels von 1996 in Rom. Wie dieses ehrgeizige Ziel erreicht werden kann, etwa durch eine Produktionssteigerung mittels Biotechnologie oder durch eine verstärkte Liberalisierung der Weltmärkte, darüber streiten sich indes die Gemüter (BRÜHL 1996, GULATI 2000).

Welche Wege diesbezüglich auch beschritten werden, die quantitative Verfügbarkeit von Nahrungsmitteln allein reicht nicht aus, um das Problem zu lösen. In diesem Zusammenhang hat sich vielmehr die Einsicht durchgesetzt, dass "... food security is foremost an economic phenomenon, closely related with the purchasing power of the individual families concerned, rather than a matter of the physical availability of food at the country level" (TANGERMANN 2000, S. 341). Diese Erkenntnis ist vor allem das Forschungsverdienst des indischen Wirtschaftswissenschaftlers und Nobelpreisträgers AMARTYA SEN, der Armut als Hauptursache von

Hochgebirge

Fig. 1 Wie eine abgelegene Insel liegt das Dorf Savnob in den Gebirgsketten des Pamirs. Die kargen Hänge lassen erahnen, dass das landwirtschaftliche Potential dieser Region äußerst limitiert ist (Foto: HERBERS 1999).
Resembling a remote island, the village of Savnob is located in the mountain ranges of the Pamir. The stony slopes indicate that the agricultural resources of this region are extremely limited (Photo: HERBERS 1999).

Unterernährung aufgedeckt hat (SEN 1981, WAGNER 2000). Dem Rechnung tragend, ist Ernährungssicherheit laut FAO dann gewährleistet, wenn "all people, at all times, have physical and economic access to sufficient, safe and nutritious food to meet their dietary needs and food preferences for an active and healthy life" (FAO 1996).

Auch in der geographischen Ernährungsforschung hat sich diese Sichtweise inzwischen behauptet. Die ehemals in der Geographie viel diskutierten Grenzen der Tragfähigkeit werden daher heute nur noch gelegentlich aufgegriffen (u.a. PENCK 1924, ISENBERG 1950, EHLERS 1984, BOHLE 2001a). Auch werden Ernährungsfragen nicht mehr nur aus agrargeographischer Perspektive behandelt, etwa im Zusammenhang mit der „Grünen Revolution". Seit den 1980er Jahren stehen vielmehr Ansätze zur Erklärung mangelnder Ernährungssicherheit im Mittelpunkt des wissenschaftlichen Interesses. Forscher aus verschiedenen Ländern steuerten Beiträge zu einem Vulnerability-Konzept bei (u.a. CHAMBERS 1983, MAXWELL 1990, WATTS & BOHLE 1993, WISNER 1993), das auch von der hiesigen Geographie unter dem Stichwort der geographischen Risikoforschung rezipiert und weiterentwickelt wurde (u.a. BOHLE 1993, 1994; BOHLE & KRÜGER 1992). Im Rahmen dieses Konzepts werden die Ursachen der Verwundbarkeit von Armutsgruppen gegenüber Nahrungskrisen, die Bewältigungsstrategien der Betroffenen sowie der prozesshafte Verlauf derartiger Krisen infolge einer Verkettung ungünstiger Faktoren untersucht.

Zu Beginn der 1990er Jahren wurde vom Department for International Development (DFID), der staatlichen britischen Entwicklungsorganisation, ein neuer, auf Haushaltsebene angesiedelter Analyserahmen vorgelegt. Der livelihood approach baut auf das Vulnerability-Konzept auf, betont aber stärker, dass die Sicherstellung der Ernährung nur ein Anliegen innerhalb komplexer Systeme der Lebensunterhaltssicherung von Haushalten in Entwicklungsgesellschaften darstellt. Um diese Systeme besser zu verstehen und die Ursachen von Armut aufzudecken, werden Haushaltsanalysen durchgeführt. Dabei werden zunächst die jeweils verfügbaren Ressourcen untersucht (assets wie z.B. Land, Ersparnisse, Bildung, soziale Netzwerke), von denen die möglichen Lebensunterhaltsstrategien (Einkommensdiversifizierung, Migration u.a.) abhängen. Sowohl die Ressourcen als auch die Strategien können jedoch von unerwarteten Schocks, Katastrophen oder ähnlichen Ereignissen sowie von übergeordneten Prozessen und sich verändernden Strukturen (politische, ökonomische, institutionelle u.a. Bedingungen) negativ beeinflusst werden. Das ist der Verwundbarkeitskontext, in dem die

© 2002 Justus Perthes Verlag Gotha GmbH

Haushalte permanent stehen. Dieses Analyseschema wurde in erster Linie für die praktische Entwicklungszusammenarbeit konzipiert und soll letztlich dazu dienen, Maßnahmen einzuleiten, die die Haushalte zu einer nachhaltigen Existenzsicherung aus eigener Kraft befähigen. Das DFID-Konzept und andere *Livelihood*-Ansätze finden in jüngster Zeit auch in der Geographie zunehmende Beachtung (BOHLE 2001 b, DERICHS & RAUCH 2000, DFID 1999).

2. Hochgebirge und geographische Ernährungsforschung

Der Wandel des geographischen Forschungsinteresses in Bezug auf Ernährungsfragen lässt sich auch für die Hochgebirgsregionen der Erde konstatieren. Untersuchungen über expandierende und kontraktierende Nahrungsspielräume an der Höhengrenze der Ökumene (u. a. GRÖTZBACH 1973, LICHTENBERGER 1965) werden heute ergänzt durch Studien, die eher auf der lokalen und Haushaltsebene angesiedelt sind und explizit oder implizit den *Vulnerability*- und *Livelihood*-Kontext berücksichtigen (z. B. DITTRICH 1995, HERBERS 1998).

Bei Untersuchungen in Entwicklungsländern stellt sich grundsätzlich das Problem der Datenverfügbarkeit und -verlässlichkeit (MENZEL 1999; RAUCH, HAAS & LOHNERT 1996). Dies gilt auch für Fragen der Ernährungssicherung und betrifft die Hochgebirgsregionen im besonderen Maße. Informationen über die Anzahl der Unterernährten, die Versorgung der Bevölkerung mit Nahrungsenergie etc. liegen, wenn überhaupt, nur auf der Basis von administrativen Einheiten, gewöhnlich auf Länderebene, vor. Angaben über das quantitative Ausmaß mangelnder Ernährungssicherheit auf nationaler Ebene lassen sich allenfalls als grobe Richtwerte nutzen, sind aber gerade für Hochgebirgsregionen von unzureichendem Aussagewert.

Was ist nun das Charakteristium der Hochgebirgsräume in Entwicklungsländern, das sie hinsichtlich der Probleme und Strategien der Ernährungssicherung von anderen Regionen der Dritten Welt unterscheidet? Hier wie dort lebt eine überwiegend marginalisierte Bevölkerung. Die Hochgebirgsräume sind darüber hinaus durch ein begrenztes landwirtschaftliches Inwertsetzungspotential sowie eine periphere Lage gekennzeichnet (Fig. 1). Ersteres äußert sich beispielsweise in einer limitierten Anbaufläche vor allem in ariden Klimaten, geringer Bodenqualität, steilen Hanglagen oder kurzen Vegetationsperioden, während die relative Isolation aus einer unzureichenden Verkehrserschließung, geringen Zahl städtischer Zentren (mit Märkten, Schulen, außeragrarischen Arbeitsplätzen etc.) und meist fehlenden Industrieansiedlung – um nur einige Punkte zu nennen – resultiert. Dies sind Nachteile, die die Lebensunterhaltsstrategien von Hochgebirgsbewohnern deutlich einengen.

Im Folgenden sollen einige Aspekte die Ernährungs- und Existenzsicherung an zwei regionalen Fallstudien, der Autonomen Provinz Berg-Badachschan in Osttadschikistan und den Northern Areas von Pakistan, exemplifiziert werden (Fig. 2). Das Territorium der erstgenannten Region ist nahezu identisch mit dem Pamir – weshalb die Begriffe fortan synonym gebraucht werden –, die zweite erstreckt sich dagegen vom Osthindukusch über den Karakorum bis zum westlichen Himalaya. In Berg-Badachschan leben 206 300 der insgesamt 6,07 Mio. tadschikischen Einwohner (1998); die Northern Areas beheimaten 870 000 Menschen der 137,6 Mio. (1998/1999) umfassenden pakistanischen Bevölkerung (GoP 1998, UNDP 1998, S. 130; UNDP 2001, S. 188). Am Beispiel des Pamirs, der sich in einem postsowjetischen Umstrukturierungsprozess befindet, sollen die Strategien der Unterhaltssicherung aufgezeigt werden, wobei auch erörtert wird, inwieweit sie eine befriedigende Ernährungs- und Existenzbasis gewährleisten. Anhand der Hochgebirgsregion Nordpakistans soll dagegen die Bedeutung des Haushalts, speziell der Organisation seiner Arbeitskräfte, für die Existenzsicherung eruiert werden. Die erste Fallstudie ist somit eher auf der Mesoebene angesiedelt, die zweite dagegen auf der Mikroebene.

3. Strategien der Existenzsicherung – Beobachtungen aus dem Pamir

Zwei politische Ereignisse haben in der jüngeren Geschichte des Pamirs einen nachhaltigen Einfluss auf die Existenzbedingungen und -strategien der Bevölkerung ausgeübt, namentlich die Oktoberrevolution von 1917 und etwa 70 Jahre später der Zusammenbruch der Sowjetunion.

Fig. 2 Lage der Autonomen Provinz Berg-Badachschan und der Northern Areas von Pakistan
Location of the Autonomous Province Gornyi-Badakhshan and the Northern Areas of Pakistan

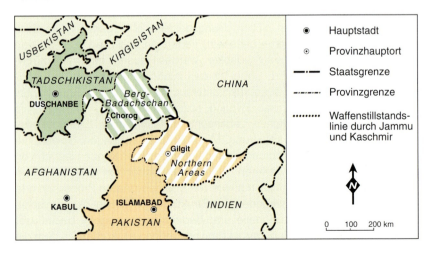

3.1. Von der Subsistenz zur staatlichen Vollversorgung

Bis zu Beginn des 20. Jh. lebt die Bevölkerung des Pamirs primär von der Landwirtschaft. In meist Kleinbetrieben verfolgt sie die auch für benachbarte Hochgebirgsregionen bis in die Gegenwart typische Praxis der *mixed mountain agriculture*. Sie zeichnet sich dadurch aus, dass ein Haushalt sowohl Ackerbau als auch Viehhaltung betreibt und dabei saisonal verschiedene Höhenstufen nutzt. Schafe, Ziegen, Ochsen und Kühe werden während der Vegetationsperiode von März bis Oktober sukzessive auf immer höhere Weideareale geführt, damit im Heimgut und im Bereich der unteren Weidestaffeln Getreide (v. a. Weizen und Gerste) und Hülsenfrüchte kultiviert werden können. Erst nach der Ernte kehrt das Vieh in die permanenten Siedlungen zurück. Die von den Haushalten produzierten Nahrungsmittel (neben Getreide und Hülsenfrüchten auch Milchprodukte und Fleisch sowie etwas Obst und Gemüse) dienen nahezu ausschließlich der Eigenversorgung (vgl. EHLERS & KREUTZMANN 2000).

Mit der Machtergreifung der Kommunisten im Jahre 1917 endet nach und nach die privatwirtschaftliche Landnutzung und Viehzucht in der UdSSR und somit auch im Pamir. Die Arbeiter- und Bauernpartei hebt das Grundeigentum an Boden auf. Die Nutzflächen der Haushalte eines Ortes oder mehrerer Dörfer werden in Kolchosen und Sowchosen, d. h. Produktionsgenossenschaften und Staatsgütern, zusammengefasst. Auch die Produktionsziele ändern sich unter der staatlichen Betriebsführung. Wachsende Priorität erhält der Futteranbau, zudem wird Tabak als *cash crop* eingeführt. Gegen Ende der Sowjet-Ära dienen nur noch 25,4 % der Anbaufläche der Nahrungsproduktion, 4,8 % dem Tabakanbau und 69,8 % der Futtererzeugung. Auch die Viehhaltung wird kollektiviert (Staatliches Statistikamt der Republik Tadschikistan 1987, S. 24). Seitdem entsenden die Sowchosen große Herden unter Aufsicht eines Berufshirten auf die Hochweiden.

Somit müssen die Pamirbewohner die traditionellen agrarischen Strategien der Lebensunterhaltssicherung gezwungenermaßen aufgeben. Die ehedem mehr oder minder autarke Versorgung muss fortan von außen komplettiert werden. Hierzu richtet die Regierung selbst in den abgelegensten Gebirgsdörfern kleine Gemischtwarenläden ein, in denen zu festgelegten Preisen Nahrungsmittel und andere Verbrauchsgüter angeboten werden. Transport und Verteilung der Nahrungs- und Verbrauchsgüter werden weitestgehend aus staatlichen Subventionen finanziert. Das Versorgungsniveau der Bevölkerung verbessert sich durch das staatliche Distributionssystem deutlich, jedoch zu dem Preis einer enorm erhöhten Außenabhängigkeit.

Parallel zu den Maßnahmen im Agrarsektor leitet die sowjetische Regierung weitere einschneidende Veränderungen ein. Hierzu zählt vor allem die Einrichtung außeragrarischer Arbeitsplätze und die Monetarisierung des Lebens. So sind die in den Kolchosen und Sowchosen arbeitenden Personen nun Staatsangestellte, die mit einem monatlichen Salär entlohnt werden. Zudem entstehen Beschäftigungsmöglichkeiten im Bildungs- und Gesundheitswesen, das flächendeckend aufgebaut wird, sowie im Verwaltungs- und Parteiapparat, der auf allen administrativen Ebenen etabliert wird. In größeren Ortschaften entstehen schließlich einige Erwerbsquellen in kleineren Gewerbe- und Dienstleistungsbetrieben (Textil-, Brot- und Fleischkombinate, Friseure u. a.). Durch die fortschreitende Sowjetisierung der Wirtschaft im Pamir werden folglich die autochthonen, subsistenzwirtschaftlichen Strategien der Lebensunterhaltssicherung durch allochthone abgelöst, die auf der Nachfrage staatlich bereitgestellter Güter unter Verwendung monetärer Einkommen basieren.

3.2. „Strategielosigkeit" nach dem Zusammenbruch der Sowjetunion

Nach dem Zerfall des sowjetischen Imperiums im Jahre 1991 proklamiert auch Tadschikistan seine Unabhängigkeit. Differenzen zwischen Bevölkerungsgruppen unterschiedlicher regionaler Provenienz und verschiedener politischer Parteien bei der Verteilung der Macht lösen jedoch wenig später einen blutigen Bürgerkrieg aus, dem 60 000 Menschen zum Opfer fallen und der erst 1997 beigelegt werden kann.

Durch den unerwarteten Zusammenbruch der Sowjetunion und die bürgerkriegsbedingte Aufnahme von etwa 54 000 Flüchtlingen kollabieren im Pamir – wie in anderen Teilen der ehemaligen UdSSR – auch die bisherigen Strategien der Bevölkerung zur Unterhaltssicherung. Schlagartig mangelt es an monetären Einnahmen zur Deckung der täglichen Lebenshaltungskosten, da viele Erwerbsmöglichkeiten plötzlich nicht mehr existieren. In allen Beschäftigungssektoren werden Arbeitskräfte freigesetzt, weil Löhne nicht fortgezahlt werden können, Vorprodukte zur Weiterverarbeitung fehlen oder sich ganze Bereiche wie der ausgedehnte personelle Apparat der kommunistischen Partei Berg-Badachschans auflösen.

Der drastischen Reduzierung des Geldeinkommens steht eine gravierende Preiserhöhung aller Verbrauchsgüter gegenüber. Dies gilt insbesondere für Nahrungsmittel, die abrupt knapp werden, weil Moskau sich nicht mehr in der Verantwortung und Lage sieht, die zahlreichen Dorfläden zu beliefern. Die lokale Landwirtschaft kann das Defizit wegen ihrer Spezialisierung auf Tierhaltung und Futteranbau nicht kompensieren. Nur durch Interventionen von internationalen Hilfsorganisationen kann eine sich 1992/1993 anbahnende Hungerkrise im Pamir abgewendet werden. Die Geschwindigkeit und Dimension des Umbruchs bedingen, dass sich „sowjetische" Methoden der Unterhaltssicherung nicht mehr eignen, neue jedoch noch nicht in Sicht sind. Daher erscheint es durchaus berechtigt, für diesen Zeitpunkt von einer Situation der „Strategielosigkeit" zu sprechen.

3.3. Rückkehr zur Eigenverantwortung und Selbstversorgung

Die bittere und unvermittelte Erfahrung der extremen Außenabhängigkeit und räumlichen Isolation macht der Bevölkerung des Pamirs deutlich, dass sie wieder stärker auf eigenen Füßen stehen muss. Hierzu wird 1996 die Privatisierung des Bodens eingeleitet (vgl. HERBERS 2001a, 2001b). Das Ergebnis dieser Maßnahme ist wegen der extrem limitierten Nutzfläche im Pamir (weniger als 3 % des Territoriums eignen sich für den Ackerbau) insofern unbefriedigend, als dass nur Mikrobetriebe mit durchschnittlich weniger als 0,4 ha aus der Privatisierung hervorgehen. Bei vorherrschender Realerbteilung sind für die Zukunft eine weitere Parzellierung der Anbauflächen und damit eine Zuspitzung dieser Situation zu erwarten.

Auch wenn sich die neu entstandenen Privatbetriebe als sehr klein erweisen, wird die Produktivität im Vergleich zu jener der vormaligen Kolchosen bzw. Sowchosen erheblich gesteigert und in den besten Jahren bei einigen Grundnahrungsmitteln ein Selbstversorgungsgrad von fast 80 % erreicht (Fig. 3). Möglich wird dieser Erfolg durch die erhöhte Eigenverantwortung der Privatbauern bei der Versorgung ihrer Familien, was zu hohen Arbeits- und Zeitinvestitionen in die Pflege der Felder führt, durch die Rückkehr zu einer vereinfachten Form der *mixed mountain agriculture* mit vorrangiger Kultivierung von Nahrungspflanzen (v. a. Getreide und Kartoffeln) sowie durch Entwicklungsprojekte, die Saatgut, Düngemittel, Kredite und Beratungen anbieten. Gleichwohl bestehen weiterhin Versorgungsdefizite, und es ist äußerst fraglich, ob das agrarische Potential der Region langfristig für eine vollständige Deckung des Nahrungsbedarfs der Bevölkerung ausreicht.

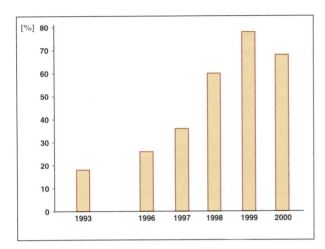

Fig. 3 Entwicklung der Selbstversorgung mit Getreide und Kartoffeln in Berg-Badachschan (Quelle: MSDSP 1997, 2000)
Self-sufficiency based on the cultivation of cereals and potatoes in Gornyi-Badakhshan (Source: MSDSP 1997, 2000)

Fig. 4 Auf dem Markt in Chorog betreibt eine Frau einen kleinen Mehlhandel, um das Familieneinkommen aufzustocken (Foto: Herbers 1999).
A woman sells flour on the market in Khorog in order to supplement the family's income (Photo: Herbers 1999).

Bei der Beurteilung der Versorgungslage im Pamir ist zudem zu beachten, dass große Unterschiede von Haushalt zu Haushalt, von Dorf zu Dorf und von Jahr zu Jahr bestehen. Die meisten Haushalte verlassen sich daher nicht auf eine ausschließliche Unterhaltssicherung aus der Landwirtschaft, sondern versuchen, ihre Einkommensquellen zu diversifizieren. Viele Erwachsene haben daher – sofern möglich – ihre alte Berufstätigkeit in der Schule, im Krankenhaus, in der Verwaltung u. a. wieder aufgenommen. Die Regierung zahlt hierfür zwar nur minimale Gehälter (Fig. 5), diese sind aber mangels anderer Geldressourcen für viele Haushalte unentbehrlich. Außerdem verschaffen einige dieser Beschäftigungsverhältnisse wichtige Extraeinnahmen (z. B. nicht quittierte Bußgelder im Straßenverkehr). Alternative Erwerbsmöglichkeiten zu denen des staatlichen Sektors, etwa im Tourismus, fehlen in den Gebirgsdörfern fast gänzlich, und in den größeren Orten wie Chorog haben nur wenige Personen das Glück, eine der begehrten Arbeitsstellen bei den gut bezahlenden Hilfsorganisationen zu erhalten. Lediglich in den Bezirkshauptorten und entlang von Hauptstraßen kann ein Zusatzverdienst im Handel oder durch Kleinhandel mit Süßigkeiten, Zigaretten u. a. erwirtschaftet werden – beides Optionen, die vornehmlich Frauen nutzen (Fig. 4).

Die von den Haushalten verfolgte Strategie, zur Existenzsicherung eine Vielzahl von Beschäftigungen parallel auszuüben – nicht selten geht sogar eine Person gleichzeitig mehreren beruflichen Tätigkeiten nach, z. B. vormittags als Lehrerin, nachmittags als Marktfrau, abends Handarbeiten für den Verkauf –, erweist sich im Pamir nur als mäßig erfolgreich. Die Einkünfte aus agrarischen Aktivitäten, bezahlter Berufstätigkeit und informellen Beschäftigungen sind in der Summe gewöhnlich so gering, dass ein Haushalt seine elementaren Bedürfnisse hiervon nicht befriedigen kann. Den hohen Preisen für Nahrungs- und Verbrauchsgüter stehen keine angemessenen Gehälter oder sonstige Einnahmen gegenüber (Fig. 5), so dass sie praktisch über keinerlei Kaufkraft verfügen. Der illegale, aber vergleichsweise lukrative Handel mit Edelsteinen oder aus Afghanistan stammenden Drogen erscheint nur wenigen Haushalten als ein möglicher Ausweg. Um ein signifikantes legales Einkommen zu erzielen, entsendet vielmehr ein Großteil der Haushalte mindestens ein männliches Familienmitglied ins Ausland. Die meist jungen Migranten verdingen sich überwiegend in Russland als Gastarbeiter auf Baustellen und Großmärkten oder in der Landwirtschaft. Obwohl sie nur unregelmäßige Beschäftigungsverhältnisse erhalten und ihnen weit geringere Löhne gezahlt werden als einheimischen Arbeitskräften, ist das so verdiente Geld oftmals das wichtigste Einkommen der im Pamir zurückgebliebenen Familien.

Letztlich resultiert das gegenwärtig erreichte Niveau der Ernährungs- und Existenzsicherung im Pamir aus der Vielfalt der ökonomischen Aktivitäten, denen die Haushalte in und außerhalb der Region nachgehen. Diesbezüglich hat der Bielefelder Verflechtungsansatz nach wie vor seine Gültigkeit. Er weist darauf hin, dass in Entwicklungsländern häufig weder das agrarische noch das außeragrarische Einkommen zur Versorgung des Haushalts ausreicht. Es bedarf vielmehr einer Verknüpfung beider, um den Lebensunterhalt zu sichern (u. a. ELWERT 1983, 1985; EVERS 1987). Auf diese Weise wird auch im Pamir ein bescheidenes Auskommen erzielt, das ein Überleben ermöglicht, aber kaum einen Überschuss für Aufwendungen jenseits der täglichen Ausgaben für den Nahrungskonsum bereitstellt. Mit welcher Perfektion auch immer die Haushalte diverse Einkommensquellen kombinieren, ihr Engagement allein reicht nicht aus, um substantielle Verbesserungen des Lebensstandards herbeizuführen. Dazu sind Änderungen der politisch-ökonomischen Rahmenbedingungen unerlässlich, im tadschikischen Berg-Badachschan allen voran die Anpassung der Gehälter an das vorherrschende Preisniveau. Aber auch der Ausbau des Verkehrsnetzes und der Infrastruktur im Pamir und die Schaffung neuer Arbeitsplätze könnten unter anderem dazu beitragen, die Probleme der Existenzsicherung zu reduzieren.

4. Die Schlüsselrolle des Haushalts bei der Ernährungs- und Existenzsicherung – Erfahrungen aus Nordpakistan

Der Pamir und die Northern Areas von Pakistan zeichnen sich durch vergleichbare naturräumliche Bedingungen aus. Auch im Bereich der immateriellen Kultur (z. B. Hausbau, Kleidung) existieren zahlreiche Überschneidungen, zum Teil sogar sprachliche und religiöse Verwandtschaften (vgl. KREUTZMANN 1996). Die Strategien der Lebensunterhaltssicherung haben sich aber aufgrund unterschiedlicher historisch-politischer Einflüsse in den vergangenen Jahrzehnten auseinander entwickelt, nähern sich heute jedoch wieder weitestgehend an. Damit kommt den Haushalten in beiden Regionen die gleiche entscheidende Bedeutung zu.

4.1. Gleiche Strategien, divergierende Resultate

In der nordpakistanischen Hochgebirgsregion von Hindukusch, Karakorum und Himalaya wird – wie bereits angedeutet – bis heute jene *mixed mountain agriculture* betrieben, die im Pamir erst im Zuge des gegenwärtigen Transformationsprozesses wieder Fuß fassen konnte. Auch in den Northern Areas stehen der Bevölkerung nur kleine Anbauflächen zur Verfügung, so dass sie ebenfalls auf außeragrarische Einkünfte angewiesen ist. Die Erwerbsmöglichkeiten entsprechen jenen in Berg-Badachschan, wobei aber Handel, Dienstleistungsgewerbe und Tourismus aufgrund lang etablierter marktwirtschaftlicher Strukturen in Pakistan stärker ausgeprägt sind und somit mehr Arbeitsplätze bieten. Zudem erfolgt die Migration junger Gebirgsbewohner zwar auch, aber nicht primär ins Ausland, sondern vornehmlich ins pakistanische Tiefland.

Berufstätigkeit	Berg-Badachschan		Northern Areas	
	Monatliches Gehalt [Somoni]	[US-$]	Monatliches Gehalt [Rupien]	[US-$]
Lehrer[1]	25	9,10	2800–10000	47 – 167
Arzt[1]	15	5,50	10000–12000	167 – 200
Polizist	15	5,50	4400	73
Soldat	0,50[2]	0,20	5000	83
Straßenkehrer	2	0,70	3000	50
Kellner	25	9,10	500– 1000	8 – 17
Mitarbeiter in Hilfsorganisation[3]	190	70	15000–30000	250 – 500
Nahrungs- und Verbrauchsgüter	Preise [Somoni]	[US-$]	Preise [Rupien]	[US-$]
1 kg Weizenmehl	0,70	0,25	10– 12	0,17–0,20
1 kg Reis	1,50	0,55	18– 40	0,30–0,67
1 kg Tee	3,20	1,16	150– 250	2,50–4,16
1 Stück Seife	0,40	0,15	5– 10	0,08–0,17
1 Bleistift	0,20	0,07	1– 5	0,02–0,08
1 Paar Schuhe	15	5,45	150– 300	2,50–5,00

[1] Lehrer und Ärzte in staatlichen Schulen bzw. Krankenhäusern
[2] In Tadschikistan besteht Wehrpflicht; Soldaten erhalten Kleidung und Verpflegung, aber keinen Sold
[3] Mitarbeiter im mittleren Management

Fig. 5 Durchschnittliche Monatsgehälter und Preise von Nahrungs- und Verbrauchsgütern in Berg-Badachschan und den Northern Areas im Jahre 2002 (Quellen: eigene Zusammenstellung nach Angaben von M. MAMADSAIDOV [MSDSP, Berg-Badachschan] und K. PANAH [AKES, Northern Areas von Pakistan])
Average monthly salaries and prices of food and commodities in Gornyi-Badakhshan and the Northern Areas in 2002 (Sources: Author's compilation according to information from M. MAMADSAIDOV [MSDSP, Gornyi-Badakhskan] and K. PANAH [AKES, Northern Areas of Pakistan])

Die Diversifizierung der Einkommensquellen, die sowohl im Pamir als auch in den Northern Areas beobachtet werden kann, hat bereits in der Praxis der gemischten Hochgebirgslandwirtschaft durch die Verknüpfung von Ackerbau und Viehhaltung auf verschiedenen Höhenstufen ihre Grundlage. Dass diese traditionell verankerte Strategie heute zunehmend auch auf den außeragrarischen Bereich ausgeweitet wird, resultiert im Pamir primär aus der beschriebenen politisch-ökonomischen Umstrukturierung, in den Northern Areas dagegen vor allem aus dem hohen und schnellen Wachstum der Gebirgsbevölkerung, deren Versorgung nicht mehr ausschließlich aus landwirtschaftlichen Ressourcen zu bestreiten ist.

Wenngleich sich die Lebenshaltungsstrategien in beiden Hochgebirgsregionen in jüngster Zeit wieder angeglichen haben, bleiben doch gravierende Unterschiede bestehen. Dies betrifft zunächst die Einkommens- und Preisrelation. Zwar sind Löhne und Gehälter auch in Pakistan eher niedrig, sie sind aber besser auf die Preise abgestimmt als in Tadschikistan und ermöglichen somit eine höhere Kaufkraft (Fig. 5). Zudem erhalten die Northern Areas umfangreiche staatliche Zuwendungen, v. a. in Form von Transportsubventionen für Getreidelieferungen (vgl. DITTRICH 1995). Hinzu kommt, dass die pakistanische Regierung wegen der besonderen militärischen Bedeutung der Region als Teil des von ihr und von Indien beanspruchten Territoriums von Jammu und Kaschmir viel in den Ausbau der Gebirgsstraßen investiert. Mit der Öffnung des Karakorum-Highways, der das pakistanische Tiefland via Northern Areas mit China verbindet, kommen seit Beginn der 1980er Jahre nicht nur Touristen, sondern verstärkt auch Entwicklungsorganisationen in die Region. In den Northern Areas wie auch im Pamir erfüllen diese Organisationen Aufgaben, die eigentlich der Staat zu leisten hätte, was insbesondere im Bildungs-, Gesundheits- und Agrarbereich deutlich zutage tritt. Unterschiedlich sind dagegen die Ziele, die die Hilfseinrichtungen in beiden Regionen verfolgen: In Nordpakistan sind sie bestrebt, den bisher niedrigen Lebensstandard zu verbessern, während sie im Pamir ein weiteres Absinken des ehemals hohen Standards zu verhindern suchen.

4.2. Arbeitskräfteverfügbarkeit und -management zur Sicherung des Lebensunterhalts

Bei aller Unterstützung, die private oder staatliche Einrichtungen zur Verbesserung der Daseinsbedingungen im Pamir und in den Northern Areas leisten, die Hauptlast tragen weiterhin die Haushalte selbst. Um den täglichen Lebensunterhalt unter den gegebenen Bedingungen bestmöglich zu sichern, nutzen sie – wie oben ausgeführt – eine Vielzahl von agrarischen und außeragrarischen Ressourcen. Diese plausibel klingende Vorgehensweise der Einkommensdiversifizierung ist aber an bestimmte Voraussetzungen geknüpft. Sie ist wesentlich vom verfügbaren Arbeitskräftereservoir des Haushalts abhängig, das seinerseits von der jeweiligen Haushaltsgröße und -zusammensetzung bestimmt wird.

In Nordpakistan bilden meist polynukleare Familien einen Haushalt, d. h., es wohnen bis zu vier Generationen und/oder mehrere erwachsene Brüder mit ihren Ehefrauen und Kindern unter einem Dach und verwalten Besitz und Einkommen gemeinsam. Insgesamt ergeben sich daraus oft große Haushalte mit mehr als zehn, in einigen Fällen sogar mit über 20 Personen. Doch Großeltern, Eltern, Kinder und Enkel stehen dem Haushalt nicht gleichermaßen als Arbeitskräfte zur Verfügung. Kinder und Heranwachsende können erst etwa ab dem zehnten Lebensjahr zur Mithilfe herangezogen werden. Durch den in den vergangenen Jahren stark zugenommenen Schulbesuch von Jungen wie von Mädchen entfallen diese jedoch häufig gänzlich als Hilfskräfte für den Haushalt. Auch die Großelterngeneration beteiligt sich nur eingeschränkt an den anfallenden Arbeiten. Das ist auf ihre alters- und statusbedingte Position im Haushalt zurückzuführen.

Was der Haushalt vor allem benötigt, um alle Arbeiten zu bewerkstelligen und seine Einkommensquellen zu diversifizieren, sind erwachsene Söhne und Schwiegertöchter. Um Landwirtschaft in Form der *mixed mountain agriculture* zu betreiben, sind beispielsweise im nordpakistanischen Yasin-Tal mindestens zwei weibliche und zwei männliche erwachsene Arbeitskräfte nötig. Ein Mann und eine Frau arbeiten jeweils in der Heimsiedlung und auf der Hochweide, wobei die Aufgabenteilung nach geschlechtsspezifischen Kriterien erfolgt. Für die Bewältigung der vielfältigen Arbeiten in der Heimsiedlung ist eine weitere Schwiegertochter wünschenswert, so dass Hausarbeit, Viehhaltung, Bestellung von Gärten und Feldern sowie die Betreuung der Kinder auf mehrere Schultern verteilt werden können. Dagegen sind für die Ausübung von außeragrarischen

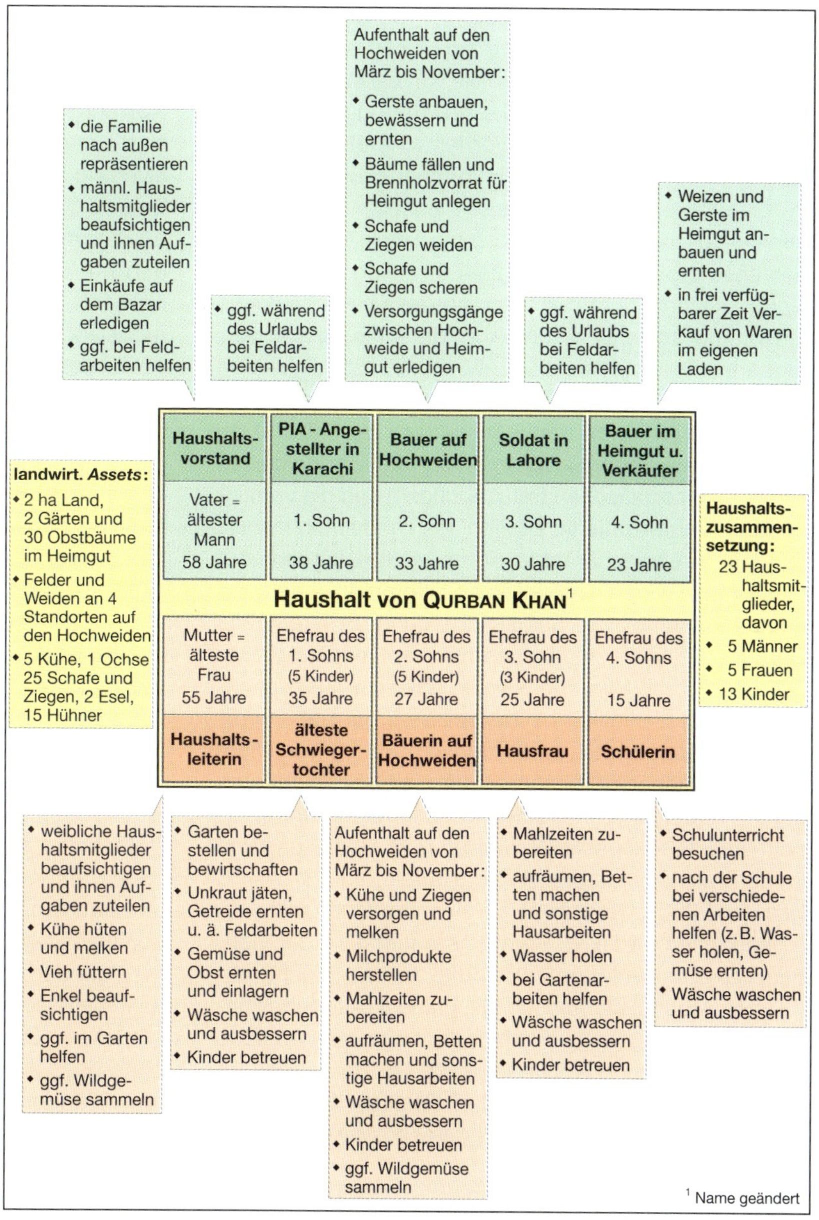

Fig. 6 (oben)
Arbeitskräftepotential, Arbeitsteilung und Einkommensdiversifizierung im Haushalt von Qurban Khan aus Yasin (Northern Areas von Pakistan; Quelle: eigene Erhebung)
Number of labourers, division of labour and sources of income of Qurban Khan's household living in Yasin (Northern Areas of Pakistan; Source: data collected by the author)

Fig. 7 (rechts)
Die Möglichkeiten der Einkommensdiversifizierung hängen von der Haushaltsgröße und -zusammensetzung ab. Diese Kleinfamilie in den Northern Areas von Pakistan muss auf landwirtschaftliche Einkünfte weitgehend verzichten, weil der einzige erwachsene Mann als Fahrer arbeitet und alle Kinder die Schule besuchen (Foto: Herbers 1993)
The opportunities to diversify the sources of income depend to a large degree on the size and composition of a household. This family in the Northern Areas of Pakistan cannot rely on income from agricultural activities since the household's only adult male is working as a driver and all children attend school
(Photo: Herbers 1993)

© 2002 Justus Perthes Verlag Gotha GmbH

Berufen weitere Söhne erforderlich, da dies fast ausschließlich eine Domäne der Männer ist (HERBERS 1998, S. 126 ff.). Am Beispiel der Familie von QURBAN KHAN aus Yasin verdeutlicht Figur 6 die Ausstattung des Haushalts mit Arbeitskräften, die vorherrschende Arbeitsteilung und die vorhandenen Einkommensquellen.

Eine ideale Haushaltszusammensetzung mit mehreren weiblichen und männlichen Arbeitskräften ist trotz der eher großen Mitgliederzahl in vielen Haushalten Nordpakistans nicht gegeben, so dass eine maximale Einkommensdiversifizierung, d. h. die Nutzung aller verfügbaren Ressourcen zur Lebensunterhaltssicherung kaum möglich ist (Fig. 7). Die meisten Haushalte sind daher bestrebt, sich mindestens zwei Standbeine zu verschaffen, indem wenigstens ein Mann des Hauses einem außeragrarischen Beruf nachgeht und die verbleibenden Arbeitskräfte versuchen, die Landwirtschaft zumindest in eingeschränkter Form weiterzuführen. Auf diese Weise wird ein monetäres Einkommen erzielt und immerhin ein Teil der Selbstversorgung sichergestellt. Gerade in kleinen Haushalten mit wenigen Erwachsenen setzt diese Vorgehensweise aber ein ausreichendes Maß an Flexibilität bei der Arbeitsorganisation voraus. Dies ist zum Beispiel möglich, indem vor allem Frauen Aufgaben übernehmen, die sie bisher nicht ausgeführt haben (z. B. Getreidegarben transportieren), Arbeitsabläufe neu gestaltet werden (z. B. Bestellung von Feldern auf den unteren Weidestaffeln; vgl. STÖBER & HERBERS 2000) oder stärker auf Nachbarschaftshilfe zurückgegriffen wird (z. B. Rotationssysteme bei der Viehbetreuung; vgl. SCHMIDT 2000). Trotz der traditionell praktizierten Arbeitsteilung nach Geschlecht, Alter und Status sind die Haushalte somit in der Lage, sich an neue Entwicklungen und Notwendigkeiten anzupassen und weiterhin ihrer herausragenden Funktion bei der Sicherung des Lebensunterhalts gerecht zu werden.

5. Grenzen der *livelihood strategies*

Die einzelnen von den Haushalten im Pamir und den Northern Areas genutzten *livelihood strategies* lassen sich summarisch als Strategie der Einkommensdiversifizierung zusammenfassen. Unter den gegebenen naturräumlichen und gesellschaftlichen Bedingungen, die für die genannten Regionen in den obigen Ausführungen mit den Stichworten periphere Hochgebirgslage, politisch-ökonomischer Umbruch und hohes Bevölkerungswachstum angedeutet wurden, kommt dieses Vorgehen dem Ziel einer nachhaltigen Ernährungs- und Existenzsicherung am ehesten nahe, da es Einnahmen verschiedenster Art bereitstellt und dadurch die Abhängigkeit von einer Ressource minimiert. Die beiden Fallstudien haben aber zugleich gezeigt, dass diese Strategie an zweierlei Grenzen stößt, von denen eine im innerhäuslichen Bereich angesiedelt ist, die andere dagegen die übergeordneten Strukturen betrifft. Dort, wo die Anzahl vor allem junger Arbeitskräfte im Haushalt niedrig oder deren zeitliche und physische Arbeitskapazität bereits erschöpft ist, verbleibt kaum Spielraum, um zusätzliche Einkommensmöglichkeiten zu erschließen.

Die erfolgreiche Umsetzung der *livelihood strategies* ist aber selbst dort, wo ein Haushalt ein Maximum an Potentialen nutzt, von den politischen und wirtschaftlichen Rahmenbedingungen abhängig. Diese Problematik zeigt sich etwa in der enormen Diskrepanz zwischen den Gehältern und Preisen im Pamir. Eine langfristig befriedigende Lebensunterhaltssicherung kann ein Haushalt demzufolge aus eigener Kraft – wie es das oben umrissene DFID-Konzept anstrebt – nicht realisieren, ohne dass auch jene politisch-ökonomischen Strukturen verändert werden, in die der Haushalt eingebettet ist.

Literatur

BOHLE, H.-G. (1993): The geography of vulnerable food systems. In: BOHLE, H.-G., et al. [Eds.]: Coping with vulnerability and criticality. Saarbrücken: 15–29. = Freiburger Studien zur Geographischen Entwicklungsforschung, **1**.

BOHLE, H.-G. (1994): Dürrekatastrophen und Hungerkrisen. Sozialwissenschaftliche Perspektiven geographischer Risikoforschung. Geogr. Rundsch., **46** (7/8): 400–407.

BOHLE, H.-G. (2001a): Bevölkerungsentwicklung und Ernährung. Sind die „Grenzen des Wachstums" überschritten? Geogr. Rundsch., **53** (2): 18–24.

BOHLE, H.-G. (2001b): Neue Ansätze der geographischen Risikoforschung. Ein Analyserahmen zur Bestimmung nachhaltiger Lebenssicherung von Armutsgruppen. Die Erde, **132** (2): 119–140.

BOHLE, H.-G., & F. KRÜGER (1992): Perspektiven geographischer Nahrungskrisenforschung. Die Erde, **123**: 257–266.

BRÜHL, T. (1996): Von der Grünen zur Genetischen Revolution? Zum Einsatz von Biotechnologien in der Landwirtschaft. Peripherie – Zeitschrift für Politik und Ökonomie in der Dritten Welt, **16** (63): 102–116.

CHAMBERS, R. (1983): Rural development. Putting the last first. Essex.

DERICHS, A., & TH. RAUCH (2000): LRE und der „Sustainable Rural Livelihoods" Ansatz. Gemeinsamkeiten, Unterschiede, Komplementaritäten. Entwicklungsethnologie, **9** (2): 60–78.

DFID [Department for International Development] (1999): Sustainable livelihoods guidance sheets. www.livelihoods.org/info/info_guidancesheets.html.

DITTRICH, CH. (1995): Ernährungssicherung und Entwicklung in Nordpakistan. Saarbrücken. = Freiburger Studien zur Geographischen Entwicklungsforschung, **11**.

EHLERS, E. (1984): Bevölkerungswachstum – Nahrungsspielraum – Siedlungsgrenzen der Erde. Frankfurt am Main.

EHLERS, E., & H. KREUTZMANN (2000): High mountain ecology and economy. Potential and constraints. In: EHLERS, E., & H. KREUTZMANN [Eds.]: High mountain pastoralism in Northern Pakistan. Stuttgart: 9–36. = Erdkundliches Wissen, **132**.

EIDE, A. (1999): Human rights requirement to social and economic development: The case of the right to food and nutrition rights. In: KRACHT, U., & M. SCHULZ: Food security and nutrition. The global challenge. Münster: 329–344. = Spektrum, **50**.

ELWERT, G. (1983): Bauern und Staat in Westafrika. Die Verflechtung sozioökonomischer Sektoren am Beispiel Bénin. Frankfurt.

ELWERT, G. (1985): Überlebensökonomien und Verflechtungsanalyse. Zeitschrift für Wirtschaftsgeographie, 29 (2): 73–84.

EVERS, H.-D. (1987): Subsistenzproduktion, Markt und Staat. Der sogenannte Bielefelder Verflechtungsansatz. Geogr. Rundsch., 39 (3): 136–140.

FAO [Food and Agriculture Organisation] (1996): Rome declaration on world food security and world food summit plan of action. Rome.

GoP [Government of Pakistan] (1998): Population and housing census of Northern Areas, 1998. Islamabad. = Census Bulletin, 12.

GRÖTZBACH, E. (1973): Formen bäuerlicher Wirtschaft an der Obergrenze der Dauersiedlung im afghanischen Hindukusch. In: RATHJENS, C., TROLL, C., & H. UHLIG [Hrsg.]: Vergleichende Kulturgeographie der Hochgebirge des südlichen Asien. Wiesbaden: 52–61. = Erdwissenschaftliche Forschung, 5.

GULATI, A. (2000): Globalization, WTO and food security: Emerging issues and options. Quarterly Journal of International Agriculture, 39 (4): 343–357.

HERBERS, H. (1998): Arbeit und Ernährung in Yasin. Aspekte des Produktions-Reproduktions-Zusammenhangs in einem Hochgebirgstal Nordpakistans. Stuttgart. = Erdkundliches Wissen, 123.

HERBERS, H. (2001a): Transformation in the Tajik Pamirs: Gornyi-Badakhshan – An example of succesful re-structuring? Central Asian Survey, 20 (3): 367–382.

HERBERS, H. (2001b): Die Verbäuerlichung des Proletariats: Transformation im Pamir. Geogr. Rundsch., 53 (12): 16–22.

ISENBERG, G. (1950): Darstellung und Methoden zur Erfassung der Tragfähigkeit. Berichte zur deutschen Landeskunde, 8: 300–324.

KREUTZMANN, H. (1996): Ethnizität im Entwicklungsprozeß. Die Wakhi in Hochasien. Berlin.

LICHTENBERGER, E. (1965): Das Bergbauernproblem in den österreichischen Alpen. Perioden und Typen der Entsiedlung. Erdkunde, 19: 39–57.

MAXWELL, S. (1990): Food security in developing countries: Issues and options for the 1990s. IDS Bulletin, 21 (3): 2–13.

MENZEL, U. (1999): Das Ende der Einen Welt und die Unzulänglichkeiten der kleinen Theorien. In: THIEL, R. E. [Hrsg.]: Neue Ansätze zur Entwicklungstheorie. Bonn: 379–388. = Deutsche Stiftung für internationale Entwicklung, Themendienst, 10.

MSDSP [Mountain Societies Development Support Programme] (1997): Annual report 1997. Khorog.

MSDSP [Mountain Societies Development Support Programme] (2000): Annual report 2000. Khorog.

PENCK, A. (1924): Das Hauptproblem der physischen Anthropogeographie. Sitzungsberichte der preußischen Akademie der Wissenschaften, Physikalisch-Mathematische Klasse, 24: 249–257.

RAUCH, TH., HAAS, A., & B. LOHNERT (1996): Ernährungssicherheit in ländlichen Regionen des tropischen Afrikas zwischen Weltmarkt, nationaler Agrarpolitik und den Sicherungsstrategien der Landbevölkerung. Peripherie, 63: 33–72.

SCHMIDT, M. (2000): Pastoral systems in Shigar/Baltistan: Communal herding management and pasturage rights. In: EHLERS, E., & H. KREUTZMANN [Eds.]: High mountain pastoralism in Northern Pakistan. Stuttgart: 121–150. = Erdkundliches Wissen, 132.

SCHULTZ, M. (1999): Introduction. In: KRACHT, U., & M. SCHULTZ [Hrsg.]: Food security and nutrition. The global challenge. Münster: 11–38. = Spektrum, 50.

SEN, A. (1981): Poverty and famines. An essay on entitlement and deprivation. Oxford.

Staatliches Statistikamt der Republik Tadschikistan (1987): Gorno-Badakhshan Autonomous Oblast 1987. Duschanbe.

STÖBER, G., & H. HERBERS (2000): Animal husbandry in domestic economies: organization, legal aspects and present changes of mixed mountain agriculture in Yasin (Northern Areas, Pakistan). In: EHLERS, E., & H. KREUTZMANN [Eds.]: High mountain pastoralism in Northern Pakistan. Stuttgart: 37–58. = Erdkundliches Wissen, 132.

TANGERMANN, ST. (2000): Food security, the WTO and trade liberalisation in agriculture: Introduction. Quarterly Journal of International Agriculture, 39 (4), 339–342.

UNDP [United Nations Development Programme] (1998): Tajikistan – Human development report 1998. Duschanbe.

UNDP [United Nations Development Programme], Deutsche Gesellschaft der Vereinten Nationen (2001): Bericht über die menschliche Entwicklung 2001. Bonn.

WAGNER, CH. (2000): Amartya Sen. Entwicklung als Freiheit – Demokratie gegen Hunger. Entwicklung und Zusammenarbeit, 41 (4): 116–119.

WATTS, M. J. (2000): Malthus, Marx and the millennium: development, poverty and the politics of alternatives. In: WATTS, M. J. [Ed.]: Struggles over geography: Violence, freedom and development at the millennium. Heidelberg: 35–72. = Hettner-Lectures, 3.

WATTS, M. J., & H.-G. BOHLE (1993): Hunger, famine and the space of vulnerability. GeoJournal, 30 (2): 117–125.

WISNER, B. (1993): Disaster vulnerability: Scale, power and daily life. GeoJournal, 30 (2): 127–140.

Manuskriptannahme: 3. Mai 2002

Dr. HILTRUD HERBERS, Friedrich-Alexander-Universität Erlangen-Nürnberg, Institut für Geographie, Kochstraße 4/4, 91054 Erlangen
E-Mail: hherbers@geographie.uni-erlangen.de

PGM Archiv

Hochgebirge: Der Himalaya im Kartenbild 1856–1936

Der größte Erdteil trägt ein sich von Kleinasien bis zu den indonesischen Inseln über mehrere Knoten erstreckendes Faltengebirgssystem. Mit dem Aufschieben der indischen Landmasse auf den damaligen Südrand Asiens seit dem frühen Tertiär wird hier bis in die Gegenwart das höchste Hochgebirge unser Zeit aufgefaltet. Als Himalaya, was in Sanskrit „Wohnort des Schnees" bedeutet, bezeichnet man dabei nur jenen 2 500 km langen Abschnitt zwischen den antezedenten Durchbruchstälern des Indus im Westen und des Brahmaputra im Osten. Dabei ist der Himalaya nicht nur etwa doppelt so lang wie der Alpenbogen, sondern auch nahezu doppelt so hoch und „wächst" immer noch um etwa 4 cm pro Jahr. Die erste sichere Kunde über den Himalaya verdankte das Abendland dem Indienzug ALEXANDER DES GROSSEN. Allerdings dauerte es noch bis ins 17. Jh., bevor Europäer in das Gebirge vordrangen. Erst 1777 erschienen die beiden ersten Karten, auf welchen sich eine kenntnisgeleitete Darstellung des Himalaya findet. Nach der Wende zum 19. Jh. nahm der Survey of India seine Tätigkeit auf, wobei bereits 1809–1810 die ersten Höhenmessungen und 1812 ein erster abenteuerlicher Vorstoß zu den Gangesquellen erfolgten. Ab dem Jahre 1823 erfolgte dann die weiträumige Triangulation Indiens, in deren Rahmen um die Jahrhundertmitte auch der Hauptkamm des Himalaya untersucht wurde.

Fig. 1 (oben)
Skizze des Zentralabschnitts des Himalaya von A. PETERMANN mit den durch Colonel WAUGH mitgeteilten vier höchsten Gipfeln (PGM 1856, S. 379)

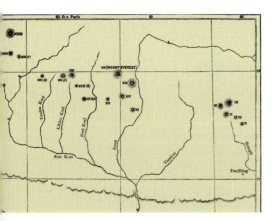

Fig. 2 (Mitte)
Skizze der höchsten Gipfel im zentralen Himalaya im Entwurf von A. PETERMANN (PGM 1858, S. 491)

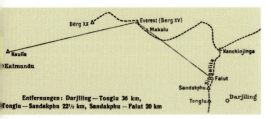

Fig. 3 (unten)
Skizze der Peilungen des Mount Everest durch H. SCHLAGINTWEIT vom Falut 1855 und vom Kaulia 1857 (PGM 1927, S. 88)

Mount Everest – höchster Berg der Erde

Bereits 1856 konnte PETERMANN seinen Lesern den Bericht von Colonel A. S. WAUGH, dem Chef des Survey of India, über die Ergebnisse der ersten Höhenpeilungen sämtlicher herausragender Gipfel im Hauptkamm des Himalaya von Assam bis Kaschmir mitteilen. Zur Orientierung fügte der Herausgeber eine Skizze des Zentralabschnitts bei, zu welcher er anmerkte, dass dabei außer der Positionierung der vier höchsten Gipfel versucht worden sei, *„ihre Stellung zum Fluss-System und zur Haupt-Axe des Himalaya annähernd anzugeben und die Streichung der Hauptketten selbst zu zeigen. Im Allgemeinen sind die Vorstellungen und Zeichnungen dieses Riesen-Gebirges der Welt sehr mangelhaft; denn eben so irrig ist es, eine einzige Hauptkette anzunehmen, als eine Plateaux- und Terrassen-Bildung zu zeichnen: – der Himalaya bildet vielmehr unzählige transversale Ketten, die sich in unregelmässiger Gruppirung [...] in ungeheurer massenhafter Breite aneinanderreihen"* (PGM 1856, S. 379).

Gemäß Colonel WAUGH waren aufgrund von jeweils 7–9 unterschiedlichen Peilungen als die vier höchsten Berge des Himalaya und damit auch der Erde festgestellt worden (Fig. 1): die Berge XV (29 002 englische Fuß bzw. 8 840 m), IX (Kintschin-Djunga: 28 156 Fuß bzw. 8 582 m), XLII (Dhaulagiri: 26 826 Fuß bzw. 8 177 m) und I (Tschumalari: 23 946 Fuß bzw. 7 230 m). Hinsichtlich des Berges XV bemerkte Colonel WAUGH: *„Es war uns seit einigen Jahren bekannt, dass dieser Berg höher als alle anderen bisher in Indien gemessenen sei, und wahrscheinlich ist er der höchste Berg in der ganzen Welt."* Jedoch sei es seinem Amt nicht möglich gewesen, eine lokale Bezeichnung dieses Gipfels in Erfahrung zu bringen – und daran werde sich wohl auch so lange nichts ändern, wie Nepal den britischen Geodäten keinen Zugang zum Hauptkamm gestatte. *„In der Zwischenzeit verlangt mein Privilegium und meine Pflicht, dass* ich dieser Riesen-Spitze unserer Erdkugel einen Namen gebe, mit welchem ihn die Geographen bezeichnen können und der den civilisirten Nationen geläufig wird. Kraft dieses Privilegiums, zum Beweis meiner hohen Achtung vor einem verehrten Chef [...] habe ich beschlossen, diesen erhabenen Gipfel des Himalaya ‚Mount Everest' zu nennen" (PGM 1856, S. 380).

Bereits zwei Jahre später veröffentlichte PGM einen weiteren Bericht über neueste britische Gipfelpeilungen, welchem PETERMANN eine Skizze beigab (Fig. 2), die erstmals die Lage sämtlicher gepeilter Gipfel im zentralen Himalaya mit der durch die Vermessungsbehörde nach dem Fortschritt der Arbeiten von Osten nach Westen vergebenen Nummern. Der Begleittext klärt darüber auf, dass sämtliche Lage- und Höhenbestimmungen der nepalischen Gipfel aufgrund der Abgeschlossenheit dieses Staates nur durch Fernpeilungen aus der geringen Höhe der Gangesebene auf 69–98 m gewonnen worden waren: *„Die Entfernung betrug dabei in den günstigsten Fällen immer noch 20, bisweilen aber fast 30 Deutsche Meilen oder etwa so viel als die von Lübeck nach dem Brocken im Harz oder von München nach dem Bernin"* (PGM 1858, S. 493). Um trotzdem die unvermeidliche Ungenauigkeit so gering wie möglich zu halten, wurde jeder Gipfel von mehreren Punkten aus anvisiert und ein durchschnittlicher Lage- und Höhenwert berechnet.

Um von Darjeeling aus dem Hauptkamm möglichst nahe zu kommen, erstieg der deutsche Himalaya-Forscher HERMANN SCHLAGINTWEIT (1826–1882) im Mai 1855 in der nach Süden abzweigenden Singalia-Kette, welche die Grenze zwischen Nepal und Sikkim bildet, längs der Kammlinie den von ihm auf 3 670 m berechneten Gipfel Falut. Hier verfertigte der Forschungsreisende bei schönem Wetter ein Panorama der Gipfel des Hauptkammes, wobei er noch über dem Makalu den Berg XV als *„mächtig dominierenden Schneegipfel"* erblickte (Fig. 3), der alle umstehenden Berge überragte und von ihm auf 29 196

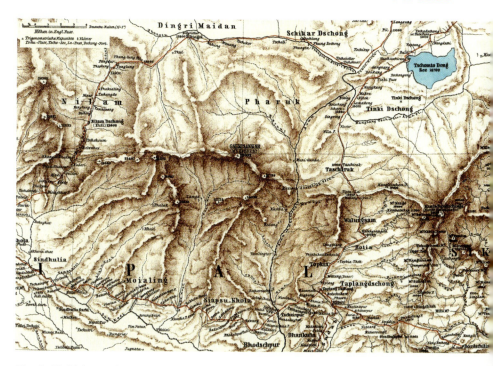

Fig. 4 Verkleinerter Ausschnitt der topographischen Karte des Mount-Everest-Massivs (1 : 200 000) im Entwurf von A. PETERMANN mit Höhenangaben in englischen Fuß (PGM 1875, Tafel 8)

englische Fuß (ca. 8 899 m) gemessen wurde, welche Höhe sich 1857 bei seiner Peilung vom Berg Kaulia (2 095 m) nördlich Kathmandu bestätigte. Damit überbot er den Mittelwert der aus einer Entfernung von etwa 250 km gemachten britischen Generalstabspeilungen um 194 Fuß (ca. 59 m), was näher an späteren Messwerten lag, wie sein letzter überlebender Bruder MAX SCHLAGINTWEIT sieben Jahrzehnte später in PGM mit Befriedigung feststellte (PGM 1927, S. 87 ff.).

Da Offizieren des Survey of India das Betreten nepalischen oder tibetischen Bodens verboten war, behalf dieser sich seit 1863 mit der heimlichen Entsendung einheimischer Topographen aus der Brahmanen-Kaste, der sog. Punditen, welche dort die Felderkundungsarbeit leisteten. Bereits 1867 erhielt auf diese Weise ein Pundit den Auftrag zu einer kreisförmigen Aufnahmereise um den höchsten Berg, ausgehend vom britischen Vermessungsendpunkt Darjeeling. Dem Pundit, der wie die meisten seiner Kollegen zur Wahrung der notwendigen Anonymität nur unter einer Kennung – hier: „Nr. 9" – lief, gelang mit einer List der Grenzübertritt nach Tibet, wo er durch die Landschaft Dingri Maidan hinter dem Mount Everest, weiter über erstmals aufgenommene Pässe bis ca. 5 600 m ins nepalische Kathmandu-Tal und diesseits des Hauptkamms zurück zog. Obwohl Pundit Nr. 9 bei dieser Aufklärung der orohydrographischen Verhältnisse hinter dem höchsten Berg der Erde denselben vollständig umkreist hatte, war dieser Gipfel doch aus der Nähe ständig von so hohen Bergen umstellt, dass er den Mount Everest selbst niemals zu Gesicht bekam. Trotzdem war die Umrundung des Massivs ein großer topographischer Erfolg (Fig. 4), da dem Pundit über 890 km neue Routenaufnahmen gelangen, welche einschließlich der Peilungen ein unbekanntes Gebiet von ca. 75 000 km² in seinen großen Zügen topographisch bekannt machten, und überdies mit einem Taschensextanten elf annehmbare Breitenbestimmungen erbrachten. Seine 31 Höhenmessungen hingegen litten darunter, dass die großen Thermometer bei der beschwerlichen Reise zerbrochen waren und die Siedepunktbestimmungen zur Gewinnung barometrischer Höhen nur mit einem

Fig. 5 Verkleinerte „Karte von Sikhim und Ost-Nipal" (1 : 680 000) nach J. D. Hooker im Entwurf von A. Petermann mit dem auf 28 156 Fuß (8 582 m) gepeilten Kintschindjunga (heute: Kangchendzönga 8 586 m; PGM 1861, Tafel 2)

sehr kleinen Thermometer hatten erfolgen müssen.

Nur allmählich setzte sich als einheimische Bezeichnung des höchsten Berges der Erde Sagarmatha durch, was bei den umwohnenden Sherpa passenderweise „Muttergöttin der Erde" heißt. Seine Höhe wird gemeinhin mit 8 848 m angegeben, erreicht aber nach einer GPS-Neuvermessung im Jahre 1987 sogar 8 872 m. Nachdem die Abschottung des Königreichs Nepal etwas gelockert wurde, konnte im Jahre 1921 erstmalig eine topographische Detailkarte des Massivs erscheinen. Nach zahlreichen vergeblichen Anläufen gelangten am 29. Mai 1953 der Sherpa Tenzing Norgay und der Neuseeländer Edmund Hillary als erste Menschen auf den Gipfel. Hier eingesammelte Gesteinsproben brachten die Erkenntnis, dass die Bergspitze aus marinen Kalken besteht, in die mit marinen Seelilien (Crinoiden) die höchstgelegenen Fossilien eingebettet sind.

Osthimalaya – Wiege der Forschung

Der britische Botaniker Sir Joseph Dalton Hooker (1817–1911), der 1839–1843 an Ross' Antarktisfahrt teilgenommen hatte, unternahm 1847–1851 eine große Expedition in die nördlichen Grenzregionen Indiens. Dabei bereiste er 1848 bis 1849 auch das östliche Nepal und Sikkim und legte den Grundstein für die ökologisch-geographischen Forschungen im Himalaya. Er war es übrigens auch, dem Charles Darwin 1844 zuerst seine Gedanken zur Abstammungslehre mitteilte.

Nicht zuletzt aufgrund seines Zuredens stellte Darwin diese schließlich 1858 mit großem Aufsehen zur öffentlichen Diskussion. Während zur Jahrhundertmitte in Nepal vom „Mount Everest" und in Kaschmir vom „K2" kaum mehr als nur ihre Position und gepeilte Höhe bekannt waren, war die Wissenschaft durch Hooker über den seinerzeit als dritthöchsten Berg der Erde eingeschätzten Kangchendzönga in Sikkim noch über Jahrzehnte am besten von allen Achttausendern unterrichtet. Dies lag in dessen außergewöhnlichen Zugänglichkeit begründet, da dieser Berg nur 570 km nördlich der damaligen indischen Hauptstadt Kalkutta unmittelbar aus der bengalischen Tiefebene aufzusteigen scheint. Zudem war Sikkim als einziger der Passstaaten unter britische „Schutzherrschaft" geraten und damit Europäern leicht zugänglich, so dass dieses kleine „Fenster" zum Hauptkamm mit seinen zusammengedrängten Formen des Reliefs und der Vegetation den ersten Ansatzpunkt der Himalaya-Forschung darstellte: *„Ein rüstiger Gebirgswanderer, dem es gelingt, an seinen Abhängen bis an die Region des ewigen Schnee's hinaufzudringen, kann daher in verhältnismäßig sehr kurzer Zeit gleichsam alle Zonen von den Tropen bis zum eisumstarrten Pole durchreisen"* (PGM 1861, S. 3).

Das ehemalige Fürstentum Sikkim erstreckt sich vom Hauptkamm über lediglich etwa 100 km den Südabhang hinab bei einer Breite von ca. 60–80 km zur Gänze im Einzugsgebiet der Tista, die dem Brahmaputra zufließt, während die umliegenden drei Wasserscheidenkämme die Grenzen zu Nepal (Westen) und Tibet (Norden und Osten) sowie zu Bhutan (Südosten) bilden (Fig. 5). Die nordsüdliche Tista-Talung folgt dabei einer der zahlreichen Querstörungen des Himalaya. Im Norden des Landes oberhalb der monsunal beherrschten Vegetationszonen ließen sich seit dem 15. Jh. tibetische Einwanderer nieder. Als typischer Himalaya-Zwergstaat stand Sikkim unter dem beständigen Einfluss seiner größeren

Nachbarn, dabei ab 1817 zunehmend demjenigen Großbritanniens. Um der massiven Zuwanderung aus Nepal Einhalt zu gebieten, wurde von Sikkim 1878 eine etwa auf der Höhe Tschola-Pass – Pemiongtscha – Jalumbo-Pass verlaufende Linie gezogen, die die von den Briten begünstigte nepalische (Arbeitskräfte-) Einwanderung nicht nach Norden überschreiten durfte.

Die Briten pachteten 1836 den tiefstgelegenen Teil Sikkims um das damals völlig unbedeutende Darjeeling, wo der britische Resident seinen Sitz nahm, ein Sanatorium errichtet und die Teekultur begonnen wurde. Als HOOKER 1849 nach Sikkim kam, reiste er gemeinsam mit dem Residenten hinauf zu den Passübergängen, wobei der Fürst von Sikkim beide in harte Gefangenschaft nahm, um die Rücknahme einiger der britischen Vorrechte abzupressen. Auf massiven Druck aus Kalkutta kamen beide wieder frei, und Sikkim musste zur Strafe seinen gesamten verpachteten Anteil am Terai oder ein Drittel des Landes an die Briten abtreten. *„Wegen des plötzlichen Emporsteigens des Himalaya aus der niedrigen Ebene Indiens bis zu den höchsten Höhen der Erde finden sich in Sikkim die Floren aller Zonen, von der tropischen bis zur arktischen, beisammen"* (PGM 1861, S. 7), was dem Botaniker HOOKER ein denkbar günstiges Forschungsfeld lieferte. Er beschrieb hier zehn deutlich unterscheidbare Höhenstufen der Vegetation vom schmalen Gürtel des Terai über die tropischen Regenwälder bis ca. 1500 m, die gemäßigten Mischwälder bis 2500 m, die Koniferen bis 3000 m und darüber die alpinen Rhododendren und Matten bis etwa 5000 m. Der weithin sichtbare Kangchendzönga (8586 m) wurde aber erst 1955 bezwungen.

Eine der hervorragendsten topographischen Aufnahmen durch Punditen stellte die von KRISTNA, dessen Kürzel „A- K-" lautete, 1878 bis 1882 unter Lebensgefahr durchgeführte Bereisung des verschlossenen östlichen Himalaya und des noch völlig unbekannten mittleren Tibet dar. Diese Gebiete waren lediglich durch chinesische Aufnahmen des 17. Jh. sowie durch den Vorstoß französischer Missionare nach Lhasa 1844 flüchtig bekannt. Im Frühjahr 1878 war KRISTNA mit dem Auftrag entsandt worden, das tibetische Hochland zwischen dem Himalaya und dem Kunlun zu erforschen, um einen Zusammenschluss zwischen den britischen Vermessungen und jenen des russischen Obersten NIKOLAJ PRŽEWAL'SKIJ in den 1870er Jahren zu erreichen. Der in Verkleidung eines Kaufmanns reisende Pundit *„war mit Instrumenten vorzüglich ausgerüstet und mit Geldmitteln reichlich versehen, auch gebrauchte er die Vorsicht, nicht auf der gewöhnlichen Handelsstrasse durch Nepal nach Tibet zu gelangen, sondern, damit die Kunde von seinem Vorhaben ihm nicht vorauseilen und die Schwierigkeiten bei der schon überaus argwöhnisch gewordenen Priesterkaste noch vermehren könnte"* (PGM 1885, S. 2), drang über den Osthimalaya nach Tibet und im September 1878 bis in die Hauptstadt Lhasa vor.

Da er hier keine nach Norden abgehende Karawane fand, musste KRISTNA ein Jahr in Lhasa warten, das er unter fortgesetzter Tarnung erstmals nach wissenschaftlichen Maßstäben aufnahm (Fig. 6). Nachdem schließlich doch noch der Vorstoß bis auf 40° Nord und damit der Anschluss an PRŽEWAL'SKIJS Aufnahmen gelungen war, kehrte der Pundit nach vierjähriger Reise über rund 5 000 km durch zumeist noch nie zuvor erkundete Gegenden, die durch Schrittzähler und Kompasspeilungen genau nachvollziehbar waren, mit einer Ausbeute von 225 Höhenmessungspunkten und 22 Breitenbestimmungen im November 1882 nach Darjeeling zurück. Am wichtigsten war seine – indirekte – Feststellung des Verlaufs des bereits durch andere Punditen erkundeten Tsangpo, der der Oberlauf von Brahmaputra oder Irrawaddy sein musste. Obwohl KRISTNA auf

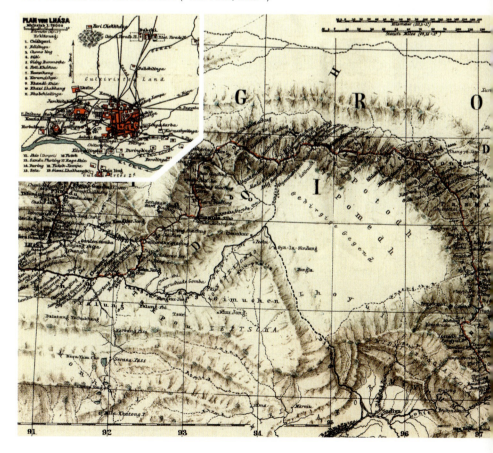

Fig. 6 Verkleinerter Ausschnitt der „Reiserouten des indischen Punditen A- K- in Gross Tibet und der Mongolei 1879–1882" (1 : 3 Mio.) im Entwurf von B. HASSENSTEIN mit einem verkleinerten Plan von Lhasa (PGM 1885; Tafel 1)

der Heimreise den Tsangpo nicht mehr berührte, konnte doch durch sein Überschreiten nur unbedeutender Gewässer zwischen jenem und dem Irrawaddy sicher geschlossen werden, dass Tsangpo und Brahmaputra identisch sein mussten. Auf seiner dritten großen Expedition (1905–1909) drang SVEN HEDIN trotz erheblicher Widerstände in das gesperrte Tibet vor, wo er als erster europäischer Forschungsreisender sowohl den Tsangpo als Oberlauf des Brahmaputra bestätigte als auch die von ihm acht Mal überschrittene Gegenkette des Transhimalaya benannte.

„Schicksalsberg" Nanga Parbat

Bereits 1855 war auch in Kaschmir mit Triangulationen und Gipfelpeilungen begonnen worden, über deren erste Ergebnisse der Ingenieurleutnant T. G. MONTGOMERIE im Journal of the Asiatic Society of Bengal 1857 berichtete. Diesem entnahm PGM die ersten Nachrichten über den Nanga Parbat, der bis dahin nur auf etwa 5800 m geschätzt worden war – *„ein ziemlich unglücklicher Schuss für Konjektural-Geographie"*. Nach MONTGOMERIE war der Nanga Parbat dem Mount Everest zwar nicht gleich, aber doch der König der Gipfel des nordwestlichen Himalaya: *„Die glänzende Schneemasse des Piks und seiner untergeordneten Zacken sieht man am vortheilhaftesten von der Westseite [...]. Der obere Theil des Berges fällt etwa 5000 Engl. Fuss hoch steil ab und die benachbarten Ketten erreichen nie mehr als 17000 Engl. Fuss Höhe"* (PGM 1858, S. 495).

Die erste kartographische Darstellung des Nanga Parbat in PGM findet sich im Jahre 1861 in einer Kartenskizze (Fig. 7) zu einem Bericht über die 1859 abgeschlossene britische Vermessung des Bergkranzes um das Tal von Kaschmir und den Kenntnisfortschritt gegenüber der zuvor besten Karte von G. T. VIGNE aus dem Jahre 1842. Dabei spielt der 26 629 Fuß bzw. 8 117 m gepeilte Nanga Parbat jedoch nur eine Nebenrolle: *„Das meiste Interesse dürfte jedoch der auf der Skizze angedeutete Riesengipfel der Karakorum-Kette in Anspruch nehmen"*, der sich, bisher übersehen, als K(arakorum-Berg Nr.) 2 aufgrund jüngst veröffentlichter korrigierter Peilungswerte mit 28 278 Fuß bzw. 8 619 m überraschend zwischen die bislang höchsten bekannten Gipfel Mount Everest und Kangchendzönga geschoben hatte (PGM 1861, S. 2).

Das seine Umgebung um bis zu 3000 m überragende Gneismassiv des Nanga Parbat (8 136 m) bildet den gewaltigen Nordwestpfeiler des Himalaya im Knie des Indus, über dessen Talung in 1 100 m sich der Gipfel um mehr als 7 km heraushebt und damit zwischen heißer Talwüste und Firnzone den wohl größten Höhenunterschied der Erde auf so kurze Entfernung darstellt. Bereits ADOLF SCHLAGINTWEIT war auf seinem verhängnisvollen Marsch über das Karakorum nach Kaschgar im Jahre 1856 am Nanga Parbat vorbeigezogen und hatte den Berg gezeichnet. Jedoch blieb dieses Massiv bis auf die britische Bergsteigerexpedition 1895 noch bis Anfang der 1930er Jahre wenig beachtet, bevor die Briten die Erforschung mit dem Blatt 43 I ihrer topographischen Landesaufnahme im Maßstab 1 : 253 440 und einer geologischen Erkundung einläuteten. Die Zwischenkriegszeit sah die fruchtbarste Epoche der deutschen Hochasien-Forschung, die im Jahre 1928 durch die deutsch-österreichisch-sowjetische Alai-Pamir-Expedition sowie BAUERS Expeditionen nach Sikkim ab 1929 eingeleitet wurde und in den deutsch-österreichischen Nanga-Parbat-Expeditionen 1932–1939 ihren Höhepunkt fand.

Die Expedition 1934 nahm unter der Leitung des Hochgebirgskartographen RICHARD FINSTERWALDER (1899–1963) binnen dreier Monate ein etwa 4000 km² großes Gebiet mittels Triangulation und terrestrischer Photogrammetrie mit über 120 Standlinien in einer Höhe zwischen 1 000 und 5 000 m auf, woraus in der Heimat nach fünfmonatiger Rechenarbeit eine 50-m-Schichtlinienkarte mit einer Abweichung der Hauptpunkte von nur ±1 m konstruiert wurde (Fig. 8). Daneben unternahm FINSTERWALDER auch hochgenaue Messungen der Ablation und des Abflusses der Gletscher, die mit bis zu 800 m im Jahr diejenige in den Alpen um bis zum Zwölffachen übertraf. Das Gneismassiv wurde im Rahmen der Aufpressung etwa 30 km nördlich des Hauptkamms vorgeschoben und empfängt über 3 000 m beträchtliche monsunale Niederschläge, wo-

Fig. 7 Kartenskizze des westlichen Himalaya (1 : 4 Mio.) mit Nanga Parbat und K2 (= Mount Goodwin Austen oder Chogori, heutige Höhe: 8 607 m) im Entwurf von A. PETERMANN (PGM 1861: Tafel 1).

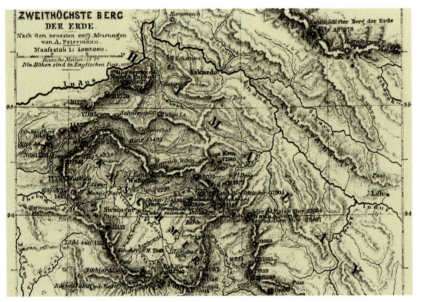

Fig. 8 Verkleinerter Ausschnitt der stereophotogrammetrischen „Karte der Nanga Parbat-Gruppe 1 : 50 000" mit Schichtlinienabstand 50 m von R. Finsterwalder mit Stich von Gelände und Felsen durch das Kartographische Büro des Dt.-Österr. Alpenvereins (aus: Zeitschrift der Gesellschaft für Erdkunde zu Berlin 1936, Karte 1)

bei die Schneegrenze etwa zwischen 4700 und 4900 m liegt. Eine wichtige glaziologische Erkenntnis war der völlig unterschiedliche Verlauf der Eiszeit in den Alpen und im Himalaya, in dem die Gletscher offensichtlich erst nacheiszeitlich ihr Maximum erreichten. Im Juli des Jahres 1934 fielen während dieser zweiten deutsch-österreichischen Expedition auf über 6000 m vier Bergsteiger und sechs Träger einem mehrtägigen Schneesturm zum Opfer, die bis dahin größte Bergkatastrophe im Himalaya.

Der Geograph Carl Troll übernahm 1937 die Leitung der nächsten Nanga-Parbat-Expedition, als deren Ergebnis er eine ergänzende vegetationsgeographische Studie vorlegte. Auch dessen Expedition wurde von einer Katastrophe in Gestalt einer Eislawine mit sieben toten Deutschen und Österreichern sowie neun Trägern heimgesucht. Neben der pflanzengeographischen Aufnahme widmete sich Troll auch der Transhumanz sowie der Bewässerungslandwirtschaft der auf wenigen geeigneten Schuttablagerungen der hiesigen abgeschnitten lebenden Bergbevölkerung. Damit war der Nanga Parbat auf Jahrzehnte hinaus das am besten kartierte und am vielseitigsten erforschte Massiv des Himalaya, während seine Erstbesteigung erst beinahe sechs Jahrzehnte nach dem ersten britischen Versuch und nach insgesamt 31 Toten der fünften deutsch-österreichischen Expedition im Jahre 1953 gelang.

Imre J. Demhardt, Wiesbaden

PGM Bild

Megastädte: Shanghai – Wirtschaftsboom und Modernisierung

Seit dem Ende der 1980er Jahre gehört Shanghai weltweit zu den Megastädten mit dynamischem Wirtschaftswachstum und tief greifenden Modernisierungsprozessen. In prädestinierter Lage südlich der Jangtse-Mündung gelegen, hatte sich Shanghai Mitte des 19. Jh. zum führenden Wirtschafts-, Handels-, Finanz- und Industriestandort Chinas entwickelt. Fördernd wirkte sich der halbkoloniale Zustand nach den so genannten ungleichen Verträgen von Nanjing mit Großbritannien, Frankreich und den USA aus. Nach der kommunistischen Machtübernahme 1949 jedoch verlor die Metropole in der Mao-Ära ihre einstige Bedeutung: Shanghai wurde wie andere traditionelle Städte durch systematischen Abzug von Kapital, Maschinen und Fachkräften zugunsten neuer Standorte sukzessive abgewertet und in die Zentralverwaltungswirtschaft integriert.

Im Gefolge der seit 1978 initiierten Reformprogramme begann mit der Verabschiedung des Generalentwicklungsplanes für Shanghai 1986 eine tief greifende Modernisierung als Teil eines wirtschaftlichen (nicht jedoch auch politischen) Transformationsprozesses: Kennzeichnend sind ein rascher Ausbau der Infrastruktur mit Großprojekten wie dem Bau des neuen Internationalen Flughafens Pudong sowie von drei Brücken über den Huangpu, städtischen Autobahnen und zwei U-Bahnlinien. Darüber hinaus wurden in radikaler Erneuerung der Altstadt mehr als 3,6 Mio. m² alter Wohnungen abgerissen und eine Vielzahl moderner Wohnsiedlungen und Satellitenstädte errichtet. Nahe des alten Flughafens Hongqiao etablierten sich große Bürokomplexe, Hotels, eine wirtschaftliche Entwicklungszone sowie ein internationales Handels- und Ausstellungszentrum. Gegenwärtig leben im Großraum Shanghai mehr als 13 Mio. Einwohner. Die Metropole genießt besonderen Verwaltungs- und Planungsstatus sowie Autonomie in der Steuereinhebung und Budgetzuweisung.

Die größte Flächenerschließung erfolgt gegenüber der traditionsreichen Uferpromenade „Bund" am Ostufer des Huangpu in Pudong, wo seit Beginn der 1990er Jahre auf einer Fläche von mehr als 520 km²

Fig. 1 (oben)
Blick vom „Bund" auf das nordwestliche Pudong (Foto: Kraas 2002)

Fig. 2 (unten)
Neues Stadtteilzentrum in Pudong (Foto: Kraas 2002)

weiträumige Neustadtgebiete und bis an die Jangtsemündung ausgreifende neue Industriegelände entstehen. Die Satellitenaufnahme (Fig. 3) zeigt die Innenstadt im Jahre 2000. Deutlich zu erkennen ist westlich des Huangpu in der unteren Bildmitte die chinesische Altstadt (ringförmig von einer Straße umschlossen und von einer west-östlich verlaufenden Stadtautobahn durchschnitten), die – wie die südwest- und -östlich angrenzenden Stadtviertel – noch weitgehend von niedrigen Altstadthäusern auf kleinparzelligen Grundstücken geprägt ist. Nördlich und nordwestlich dieses historischen Stadtkerns im gegenwärtig führenden Geschäftsbereich Shanghais wurden ehemals ähnlich strukturierte Stadtviertel von modernen Repräsentations- und Hochhäusern sowie Parkanlagen durchsetzt. Südwestlich der Altstadt errichtete man nach großflächigem Abriss alter Quartiere neue Wohnsiedlungen; östlich davon liegt die neue Nanpu-Brücke. Am Ostufer des Huangpu sind in der oberen Bildhälfte die großen Hochhausbauten und Erschließungsflächen sowie die zentrale Ausfallachse von Lujiazui in Pudong zu sehen. Nordöstlich anschließend liegen ausgedehnte Wohnsiedlungen sowie in Ufernähe hochverdichtete Hafen- und Industriegebäude.

Die futuristischen Hochhausensembles im Nordwesten von Pudong (Fig. 1) sind unübersehbare Zeugen des von Shanghai konsequent verfolgten Ziels, die einstige nationale Bedeutung wiederzuerlangen. Als städtebauliche Dominanten treten der aus zwölf Kugelelementen gestaltete neue Funkturm sowie der Jinmao Tower hervor. Ferner entstanden ein neues Kongresszentrum, Kultur- und Freizeiteinrichtungen sowie große Parks. Neben zahlreichen modernen Wohnsiedlungen liegt auch ein neuer Verwaltungskomplex mit einem multifunktionalen Stadtteilzentrum, repräsentativen Bürohochhäusern und Parteigebäuden in Pudong (Fig. 2). Mit der größten Freihandelszone Chinas, dem Hochtechnologiepark Zhangjiang, einer eigenen Exportzone sowie neuen Universitäten und Forschungsinstituten ist eine ausgezeichnete Grundlage für das ambitionierte Ziel Shanghais gelegt, innerhalb der nächsten Dekade zum globalen Zentrum in Ostasien aufzusteigen. Daran werden drängende Überlastungserscheinungen und Umweltprobleme wie z. B. gravierende Luft- und Wasserverschmutzung, erhebliche Verkehrsstaus und kontaminierte Anbauflächen wenig ändern: Wirtschaftswachstum und Modernisierung haben die oberste Priorität. Ambivalent sind die unverändert straff durchorganisierten und kontrollierten Gesellschafts- und Wirtschaftsstrukturen des postmaoistischen „Sozialismus chinesischer Prägung" zu bewerten.

Fig. 3 Ikonos-2-Satellitenaufnahme der Innenstadt von Shanghai vom 22. 7. 2000 (© GEOSPACE/Spaceimaging 2001)

Literatur

Han, S. S. (2000): Shanghai between State Market and Urban Transformation. Urban Studies, **37** (11): 2091–2112.

Pilz, E. (1997): Shanghai: Die Perle des Ostens. In: Feldbauer, P., et al. [Hrsg.]: Mega-Cities. Die Metropolen des Südens zwischen Globalisierung und Fragmentarisierung. Frankfurt a. M.: 177–196.

Taubmann, W. (1994): Shanghai – Chinas Wirtschaftsmetropole. In: Gormsen, E., & A. Thimm [Hrsg.]: Megastädte in der Dritten Welt. Mainz: 45–71. = Johannes Gutenberg-Universität Mainz, Interdisziplinärer Arbeitskreis Dritte Welt, Veröffentlichungen, **8**.

Frauke Kraas, Köln

VORSCHAU

PGM 5 / 2002
SÜDAMERIKA

ULRICH MÜLLER
Räumliche Konzentration von Bevölkerung und Wirtschaftsstandorten im Großraum Buenos Aires

MARGARITA SCHMIDT
Transformationsprozesse in der Organisation der Stadt und Oase von Mendoza (Argentinien)

WALTRAUD ROSNER
Informelle Arbeitswelt – tief verankert in lateinamerikanischen Städten

ALEXANDER SIEGMUND
Wirtschaftliche Folgen von El Niño-Ereignissen – das Fallbeispiel Peru

HANS-RUDOLF BORK, JÜRGEN BÄHR, HELGA BORK, MICHAEL BROMBACHER, IMRE JOSEF DEMHARDT, ANJA HABECK & BERND TSCHOCHNER
Die Entwicklung der Oase San Pedro de Atacama, Chile

MARTIN COY & MARTINA NEUBURGER
Aktuelle Entwicklungstendenzen im ländlichen Raum Brasiliens

Neue Rebflächen am Fuß der Anden in der Provinz Mendoza, Argentinien (Foto: COY 2000)

PGM 6 / 2002
Kulturlandschaftsforschung
(HANS-RUDOLF BORK, Tel.: 0431/880-3953, Fax: 0431/880-4083, E-Mail: hrbork@ecology.uni-kiel.de)
(WINFRIED SCHENK, Tel.: 0228/735871, Fax: 0228/737650, E-Mail: hist.geo@uni-bonn.de)

PGM 1 / 2003
Entwicklungsforschung
(MARTIN COY, Tel.: 07071/29-76462, Fax: 07071/29-5318, E-Mail: martin.coy@uni-tuebingen.de)
(FRAUKE KRAAS, Tel.: 0221/470-7050, Fax: 0221/470-4917, E-Mail: f.kraas@uni-koeln.de)

PGM 2 / 2003
Neue Kulturgeographie
(FRANZ-JOSEF KEMPER, Tel.: 030/2093-6850, Fax: 030/2093-6856, E-Mail: franz-josef.kemper@rz.hu-berlin.de)

PGM 3 / 2003
Bodenverbrauch
(HANS-RUDOLF BORK, Tel.: 0431/880-3953, Fax: 0431/880-4083, E-Mail: hrbork@ecology.uni-kiel.de)

PGM 4 / 2003
Metropolen / Megastädte
(FRAUKE KRAAS, Tel.: 0221/470-7050, Fax: 0221/470-4917, E-Mail: f.kraas@uni-koeln.de)
(MARTIN COY, Tel.: 07071/29-76462, Fax: 07071/29-5318, E-Mail: martin.coy@uni-tuebingen.de)